U0467568

冷亲密

COLD INTIMACIES
The Making of Emotional Capitalism

Eva Illouz

[法]伊娃·易洛思——著
汪丽————译

湖南人民出版社

合
葉
火
山

译者序
破除冷亲密，做个情感人

伊娃·易洛思（1961—　）生于摩洛哥，是著作等身的当代思想家，也是法兰克福学派社会批判理论的继承者。目前，她执教于以色列的希伯来大学社会学与人类学系以及巴黎社会科学高等学院。她曾获得以色列最高科学荣誉奖 E.M.E.T 奖，并被授予法国荣誉骑士勋章。其代表作有《痛苦的魅力》（2003）、《爱，为什么痛》（2012）以及《冷亲密》等。易洛思笔耕不辍，新近出版了《爱的终结》（2019），而《冷亲密》初版于2007年，已被十多个国家翻译出版。从各个书名不难看出，作为社会学与人类学教授，易洛思多年来一直十分关注现代人的情感问题。易洛思在几部代表作中都沿袭了此主题，在本书中，她将情感问题置于社会学、心理学乃至文学（如书中的自传文学）领域相交会的学术棱镜中考量，进一步审思21世纪当代人所面临的情感困顿和冷亲密现象。

在翻译最后一节"一种新型马基雅维利主义"时，我总是会不自觉地想起弗洛姆那本《爱的艺术》，早在1956年，弗洛姆就指出，爱或者说爱的能力，在当代资本主义社会中正在实质性地走向消亡。弗洛姆在书的结尾部分称：爱，才是人类永久存续和幸福的最终答案。在弗洛姆那里，爱是动词，不是名词，爱是一种去爱人的能力，而非一种被爱的需求。弗洛姆对爱的消亡表达了他的忧思，而"冷亲密"这一书名也恰恰契合了这种担忧。一方面，现代人渴望爱与亲密，另一方面，我们又在现代性的矛盾撕裂中徘徊思量，是做一个情感人，还是做一个理性人呢？思维和情感往往并非那么泾渭分明。不过，当代人际关系中崇尚高效和最大化价值的快餐式情感消费主义，确实是冷却亲密关系的幕后推手。

本书分三章，结构脉络清晰。第一章旨在厘清情感人、新型情感风格和情感本体论的相关概念，以及它们与社会学、心理学、女权主义三种文化实践的交织关系。第二章重点阐释情感场域中情感资本主义的概念和运作方式，分析了在心理疗愈话语下自我实现叙事与痛苦叙事的紧密结合。痛苦可以被加以利用，这在自传题材中屡见不鲜：自我实现和自我疗愈合一，很多时候它们其实是一体两面。第三章重点关注在心理学和互联网技术的加持下，21世纪的人在新型网恋议题和实践中的一些理想和幻想、彷徨与失望。在这一章中，作者列举了很多青年人网络交友的鲜活实例，此种交友模式也引发了作者的很多思虑与考量。东方西方，心理攸同，现代人际中的冷亲密现象其来有自。近年来，国内人口增速急剧下降，国家和社会各界一直在鼓励适龄青年婚育，其效果却不甚明显。第三章似乎也在一定程度上帮我们理解了政策实施不甚理想的一些原因。

具体而言，作者在第一章中剖析了资本主义工厂中情感对于经济生产效率提升的重要性，也强调了疗愈式沟通是婚姻家庭内部用来增进亲密关系的重要策略。如书中所言，"沟通是建立任何人际关系的生命线，任何恋爱关系，要想蓬勃健康地发展，沟通都必不可少"。本章重在从理论上定义情感本体论，作者也指出了亲密关系所面临的威胁，即它在人们使用"通约"原则时易沦为一种可替代物，成为可以拿来买卖和交换的物品。在第二章中，作者指出，心理学疗愈性叙事一方面是在治愈现代人，另一方面也在制造着现代人的各种痛苦。心理疗愈帮助人们回溯过往，让痛苦重现，赋予其新的阐释，这样人的痛苦才会彻底消弭。这里的自我实现也颇类似阿德勒的个体心理学。此外，仿照布尔迪厄对文化资本的分类，易洛思将情感场域中的情感能力（很多时候被转化为人们所熟知的情商）称作情感资本。与文化资本一样，情感能力既是一种社会能力，也可以转化为实质的货币资本形式。比如，在书中给出的案例中，情商和公司销售人员的业绩成正比。另外，情感能力（情商）测试也容易沦为人们对活生生的人进行分类的一种工具。正如痛苦可以被心理疗愈利用一般，情感在情感场域中也不幸成为正在流通的商品，目前市场中帮助人们提升情商的自助书籍比比皆是。一般认为，情感可以且需要被人为地控制和管理，情绪管理好的人一般被视为情商高。然而，当工作场域中的情感能力转移到人际交往中时，它还同样奏效吗？这值得我们思考。盘算式的情感、"通约"的情感是人们所希求的吗？恐怕没有人会喜欢与称斤论两、锱铢必较的人做朋友吧。这在第三章的网络交友案例中尤为突出。与各大城市公园中父母为子女张罗的"相亲角"相同，网络上的相亲个体也会把个人信息罗列在个人主页上，以便来浏览的访客一目了然地查看个人信息。就国内几款流行的相亲交友软件而言，这些信息一般都会包括照片、年龄、家庭背景、教育经历、工作薪资，甚至是星座和人格类型。在以成功、理性、高效为价值导向的社会中，对人们幸福与否的评价标准单一，网络相亲也必然遵循快速高效的原则。在互联网上，看似无限的交友选择背后深藏的其实是无形的盘算和"人比三家"、虚幻的想象与自我包装，以及个体真实的失望。相信读者在本章的阅读中会有自己的一番体悟。

串联起这三章的关键词是情感。和弗洛姆曾把爱分为类兄弟之爱的友爱、母爱、性爱、自爱和宗教情怀式的博爱一样，情感在本书中也可细化为工作场所的友爱、家庭内部的夫妻之爱、关注自我成长和自我实现的自爱、伴随互联网技术而大量涌现的典型21世纪的网络恋爱等。同样，弗洛姆的《爱的艺术》分为理论篇和实践篇，后者篇幅较短，用作者的话来说，爱的实践重在读者躬身践行，理论只起到帮人扫清认知障碍的作用。初读完本书后，我发现《冷亲密》基本也是沿袭理论加实践的写作路数，予人一种越读越明的畅快感。因而，本着先易后难的工作原则，本书的翻译——除了第一章导语部分外——其实是倒着进行的。也即，我先翻译了话题有趣、多实践性、切近现实的第三章，然后翻译的是阐明情感资本主义的第二章和理论严谨却也有些许晦涩的第一章。读者若感兴趣，也不妨从第三章的众多采访实例开始看起，先知其然——当今青年网络交友的现状和冷亲密现象，再回到前两章中去知其所以然——理论背景及情感资本主义的具体运作方式。

记得今年春节期间,《三联生活周刊》上曾登文简要介绍过易洛思的这本书,并将其形象地称为"相亲社会学"。在书中,易洛思为了厘清自我实现叙事与痛苦叙事在心理疗愈中的关系,特地飞去旧金山参加过三天的心理学工作坊。在翻译本书的过程中,译者也曾去研究并注册了几款国内时下较流行的青年网络交友软件。当然,此举也存着一份私心。虽并未成为缴纳会费的正式会员,但也算基本了解到一些网络相亲交友软件的运作策略。比如,几年前上海某高校推行了一款专为硕博青年打造的相亲交友商业小程序,用户在通过实名学历认证后,只需缴纳小额会员费便可主动联系感兴趣的网络另一端海量的潜在相亲对象,而未缴纳会费的注册用户只能被动地接受他人的收藏和好友申请。另一款实名认证的社交软件甚至会为非会员每日推荐几位异性嘉宾,但只有在双方互点"喜欢"按钮后才能在平台上匹配成功,进而程序对话框才会为他们打开。一时间,这种新型网络交友方式确实让我啧啧称奇,半年内,互联网大数据就为我匹配了四十多人,让我大开眼界。以前从没在互联网关注和认识陌生网友的我,也经历了几回所谓的"面基",当然,最后大家要么成了躺在通讯录里的泛泛之交,要么一键删除,此生再不复见。

其实,当网络交友进入到线下实际的互动中,或许就和传统的交友方式别无二致了。一开始由互联网大数据匹配带来的惊奇,或者说由自我建构出来的网络浪漫想象,便也渐渐转化成了《冷亲密》中类似的幻想与失望。当然,易洛思对社会批判的态度一直是冷静而审慎的,我也认为,网络交友形式无所谓好坏,它甚至拓宽了人际交友圈,重点还是在于人们怎么和网友进行互动,以及大家对待彼此的方式是否真诚,是否无涉博弈式的机巧。相亲交友软件上,海量的网络资源貌似将大批量符合个体理想伴侣要求的候选人推送至眼前,甚至某些身在海外的网友也能瞬间化为手机中的"比邻友"。这让人不禁感叹,信息时代确实打开了人们相识和交流的新方式,它或许也能迅速拉近人与人之间的感受距离,真正造就"天涯若比邻"。但同时,互联网技术也迫使人们以一种理性的方式来管理情感,由于缺乏了解和缺少共同生活圈,这种"比邻友"充其量是某种变形的幻觉。如人类学家项飙所说,"邻近感"消失了,取而代之,人们在追求着某种虚幻的所谓远方。也如易洛思所言,网络上的自我是一种没有实质内核的后现代自我,它带有一定操演性和可建构性。哪怕身处信息时代,手机上的一个删除按钮便可将软件匹配的两个人再度恢复到"动如参与商"的未识前的原始状态,相忘于网络这个另类大江湖。颇让我惊讶的倒是,个人的此番亲历体验和准研究(pseudo-study)竟和十五年前易洛思在书中阐发的结论相仿。看来,想在潜在的海量网络异性资源中收获理想爱情,又谈何容易。又可见,21世纪人类的情感问题,不论是在书中采访的美国青年、以色列青年还是当下的中国青年中,也都十分相似。

之前看过的一篇报道称,中国现今有单身群体2.4亿人,其中成年单身者约为9500万人,在国家逐步调整生育政策的这几年中,国家和社会似乎都在鼓励适龄青年婚育、主动担负社会责任。在此大背景下，作为所谓大龄单身女青年群体的一员，我也常陷入思考，是我们现代人的情感出问题了吗？物质较以往充裕的当下，青年人已不需要情感的支持了吗？事实恐怕并非如此。美国心理学家马斯洛的需求层次理论广为人知，他将自我实现的需求置于人之需求金字塔的顶端，后四项依次是尊重的需求、爱与归属的需求、安全需求、生理需求。然而有趣的是，社会认知神经科学家马修·利伯曼（Matthew D. Liberman）则认为，马斯洛的五项需求层次理论在当今社会中的优先次序应该被颠倒过来。利伯曼翻转马斯洛需求理论的依据在于，人的大脑有其社交天性，人们无论贫穷还是富有，幼小、年轻还是年老，都有爱的需求。利伯曼通过大脑科学试验去证实，推动人们生活的优先需求并非安全和生理需求，而是与人产生联结的渴望，也即爱与归属需求。这让人不禁想起英国小说家E.M.福斯特小说中的关切主旨"Only connect"（唯有联结），马克思在一百七十多年前也早就说过，人是社会关系的综合（ensemble of social relations）。诚如斯言，人无时无刻不处在一定的社会关系中，没有人是一座孤岛。现代人的问题并不是基本生存需求得不到满足，而往往是单子化的个人在快捷高效的现代社会中时常感受到的那份孤独，这在新冠疫情肆虐了几年的当下似乎尤甚。这种内心深处的孤独是一种智性上的孤独，和人的社会地位、物质条件并无太大关联，更有甚者，孤独及由此引发的焦虑和忧郁也成了困扰现代人的心理疾病。

当资本主义所崇尚的成功、理性、快速、高效、竞争等价值观被转移到人际交往中，现代人的情感生活就变得趋于冷亲密。关系被物化，情感也有沦为商品之虞。就像传统的资本主义注重工作效率和资本积累一样，现今的情感也被人们当作提升自我价值或实现资源最大化的工具。这正是易洛思在本书中所探讨的情感资本主义的议题。相亲对象被人们定制成旨在提升个人价值的理想伴侣，理想伴侣似乎成了某种条件化、标准化、可量化的商品，大数据表面上看似完美的"通约"到底是一种理想，还是一种幻想呢？在炫耀式消费主义盛行的现代社会，关系物化是人类情感问题上的另类异化吗？这些是我们现代人不得不反思的问题。易洛思注意到盘算情感的新型马基雅维利主义之举，并警告人们不要变成过度理性的傻瓜。在去年的一场讲座中，易洛思阐明了亚里士多德伦理学中的友爱和浪漫爱情的区别，她指出，前者是理性之爱，而后者是非理性之爱。面对现代人的情感冷亲密问题，不论在书中还是在讲座中，易洛思都表示她没有最终答案。但读者经由其理论牵引，想必能更为深刻地思考，从而根据自身境况采取相应的实践。

　　这本研究情感资本主义的《冷亲密》是综合了社会学、心理学和人类学的集大成之作。囿于知识和时间，理解不当和错讹之处，责任全在译者个人，希望读者包容、批评和指正。感谢编辑玉笛老师，在翻译过程中给予我无限的耐心、鼓励与支持。也希望中文版的付梓能帮读者扫清一些关于情感的理论迷思，增进对情感资本主义的了解。有人曾言，理想伴侣是养成的，而非既定的。毕竟，亲密关系也是一种人际关系，那么，恋爱也如同交友，与其坠入爱河，不如生出爱意。让我们审慎地运用我们的理性，勿做一个理性过剩的傻瓜或自我意识过剩的马基雅维利主义分子，而是努力地做个快乐充沛、有同理心、渴望与人联结的情感人吧！人们常说，人心惟危，今不如昔。也许，唯有联结，唯有沟通，唯有真诚去爱人，才是破除人际冷亲密魔咒的法宝。愿现代人都能收获值得期许的温暖亲密。与君共勉。

汪丽

于南京鼓楼

写于2022年2月20日

修订于2022年4月24日

献给埃尔查南

目 录

第一章　情感人的兴起　　001

导语　　003
弗洛伊德及其克拉克大学讲座　　009
重塑企业创造力　　017
一种新型情感风格　　025
作为企业精神的沟通伦理　　027
玫瑰与刺——摩登家庭的美好与伤痛　　036
本章小结　　053

第二章　痛苦、情感场域与情感资本　　057

导语　　059
自我实现的叙事　　063
情感场域，情感惯习　　093
心理学的实用主义实践　　099
本章小结　　106

第三章　浪漫之网	109
导语	111
浪漫化的网络	114
网络相识	115
本体论式的自我展示	120
标准化和重复	126
幻想与失望	144
本章小结：一种新型马基雅维利主义	162

| 致谢 | 171 |
| 注释 | 173 |

第一章 情感人[i]的兴起

---

[i] *Homo Sentimentalis*，拉丁语，也可译为"感情的人"或"情感型的人"，这里通译为"情感人"，与社会学人类学研究中常用的"游戏人"（*Homo Ludens*）、"工匠人"（*Homo Faber*）及"智人"（*Homo Sapiens*）相对应。（除另加说明外，本书脚注皆为译注）

导语

　　社会学家历来根据资本主义的出现、民主政治制度的兴起或个人主义思想的道德力量来理解现代性,但他们忽视了这样一个事实:在人们所熟知的如剩余价值、剥削、理性化、祛魅和劳动分工等概念外,有关现代性最宏大的社会学阐释还包括用小调述说着的另一重故事,即从情感的角度来描述或解释现代性的到来。举几个看似微不足道实则显著的例子吧。韦伯[i]论新教伦理的核心观点便是情感在经济活动中的作用,因为正是一种深不可测的神性引发的焦虑,在驱动着资本主义企业家从事狂热的经济活动。[1]马克思的"异化"——解释工人与劳动过程及劳动产品关系的核心概念——具有强烈的情感基调。马克思在《经济学哲学手稿》(*The Economic and Philosophic Manuscripts*)中将异化劳动视作对现实的丧失来探讨,用他的话来说,异化是失去了与客体之间的联系。[2]流行文化挪用甚至误用马克思的"异化"概念,也主要是借用其情感内涵:现代性和资本主义使人异化,是因为它们带来了情感的麻木,使人们陌异于彼此、社区乃至内心真实的自我。此外,我们还能联想起西

---

[i] 马克斯·韦伯(Max Weber,1864—1920),德国社会学家、经济学家,著有《新教伦理与资本主义精神》等。

美尔[i]对大都市的著名论述，其中便包含了对情感生活的描绘。对西美尔而言，都市生活带来了无尽的神经官能刺激，它与依赖情感关系的小镇生活形成了鲜明的对比。西美尔认为，典型的现代都市态度是"麻木不仁"（blasé），是拘谨、冷淡和漠然的混生物。西美尔还补充道，此种态度总有转变为厌恶之虞。[3]最后，涂尔干[ii]的社会学也特别关注情感——也许这颇为令人惊讶，毕竟他是一位新康德主义者。但事实上，作为涂尔干社会学理论支柱的"团结"（solidarity）概念，不过是将社会中的行动者与社会的重要符号（在《宗教生活的基本形式》中，涂尔干将其称作"兴高采烈"）联结起来的诸多情感罢了。[4]（在《原始分类》[5]的结论部分，涂尔干和莫斯[iii]断言，象征性分类——卓越的认知存在实体——有其情感内核。）涂尔干的现代性观点更为直接地与情感关联，因为他试图去阐释在社会区隔缺乏情感强度的情况下，现代社会是如何还能保持"团结一致"的。[6]

我的论点清晰明了，也无须过多赘述：人们所忽视的是，在现代性的经典社会学阐释中，即使不包含完备的情感理论，也至少有大量对它们的论及：焦虑、爱、竞争、漠然、内疚，无处不

---

[i] 齐奥尔格·西美尔（Georg Simmel, 1858—1918），德国犹太裔社会学家、哲学家，是19世纪末至20世纪初反实证主义社会学思潮的主要代表人物。著有《历史哲学问题》《道德科学引论：伦理学基本概念的批判》《社会学的根本问题：个人与社会》等。

[ii] 埃米尔·涂尔干（Emile Durkheim, 1858—1917），法国社会学家，社会学的学科奠基人之一，著有《自杀论》《社会分工论》等。

[iii] 马塞尔·莫斯（Marcel Mauss, 1872—1950），法国人类学家、社会学家、民族学家，涂尔干的学术继承人，著有《早期的几种分类形式：对于集体表象的研究》《关于原始交换形式——赠予的研究》等。

在。我们只要揭开表象，就会发现它们充斥在历史学和社会学对矛盾断裂的阐释中，进而带领人们步入现代时期。[7]本书的基本主张是，当我们重新发掘这一并非深藏的现代性维度时，人们对现代自我及身份的构成、对公私领域划分及其对性别分化的影响所展开的一系列标准分析，都将会有显著的改变。

但，也许你会问，我们为何要这样做？将注意力集中在像"情感"这样带有高度主观性、隐性和私人化的经验之上，不会削弱社会学的本职使命吗？毕竟，社会学主要关注的是客观规律、模式化行为和广泛存在的习俗。换言之，为什么我们要大费周章地研究这样一个范畴？迄今为止，社会学在没有情感参与的情况下，不是也进展得比较顺利吗？我认为，这一问题有着多重原因。[8/9]

情感在本质上**并非**行动，而是推动我们采取行动的内在能量，它赋予行动以特定的"情绪"和"色彩"。因而情感可以被定义为行动"负载着能量"（energy-laden）的一面，在其中，能量可以同时错综复杂地影响人的认知、感情、评价、动机乃至体魄[10/11]。情感远非先于社会或文化，而是附带文化内涵和社会关系，它们被不可分割地集聚压缩（compression）在一起，正是这种集聚压缩使得情感可以为行动赋能。情感具有此种"能量"，是由于它总是关注自我以及自我与处于不同文化中的他者的关系。比如，你对我说"你又迟到了"，我对此是感到羞愧、愤怒还是内疚，几乎完全取决于你和我之间的关系。要是上司对我的迟到发表这番评论，我可能会感到羞愧；如若是同事的话，它可能会叫我愤怒；而如果是在学校等我来接的孩子说这番话，我可能会深感内疚。诚然,情感是一种心理上的存在实体,但它同样是,甚至更是文化和社会意义上的存在实体:通过情感,我们赋予人格以文化内涵,因为它们是在具体、直接但始终经由文化和社会所形塑的关系中才被表达出来的。因此,我认为,情感是集聚压缩成的具有文化内涵和社会关系的产物,正是这种紧凑的压缩为情感赋予了活力,因而也使情感具有前自反性(pre-reflexive),并常常带有半意识的特点。情感是行动的高度内化和非自反性的一面,但这并不是因为它们未能涵盖足够的文化和社会因素,恰恰相反,而是因为它们囊括得太多了。

正因此,要是不去关注行动的情感色彩及其背后成因的话,仅凭从"内部"来理解社会行动的阐释性社会学,是无法充分做到这一点的。

情感对于社会学还有另外一种重要意义:很多社会性安排其实也是情感性安排。可以说,组织起世界上大多数社会的最基本的划分和区隔——男性和女性之间的划分和区隔——是建立在情感文化上,并通过情感文化再生产出来的。[12]要想成为一位有品格的男性,他需要展现出勇气、冷静的理性和富有教养的进取心。另一方面,女性气质则要求女性善良、有同情心、保持情绪愉悦。由性别划分而产生的社会等级秩序包含着隐性的情感划分,要是没有这些划分,男人和女人就不会再生产出符合他们各自角色和身份的东西。而这些划分反过来也会产生情感的等级秩序。比方说,冷静而理性的头脑通常被认为比同情心要更为可靠、客观和专业。例如,支配我们对新闻或(盲目的)正义等概念的客观理念，预设了这种在情感自我控制上的男性化实践和模式。因此，情感的组织有其高低等级秩序，而这种情感的等级秩序反过来又隐性地影响着道德和社会安排中的组织架构。

我的观点是，资本主义的形成与高度专业化的情感文化的生成是齐头并进的。当我们关注资本主义的这一维度（也即关注它的情感面向）时，我们可能处于一个有利的位置，从而能揭露资本主义社会组织中的另一重秩序。在第一章中，我试图说明，当我们将情感视为资本主义和现代性故事中的主角时，无情感的公共领域与充满情感的私人领域之间的传统划分便会开始消融。这一原因显而易见，贯穿整个20世纪，不论是在工作场所还是在婚姻家庭中，中产阶级男女都被教导要更加强烈地关注他们各自的情感生活，而这主要是通过使用一些类似的技术来突出自我及加强自我与他人的联系。然而，并非如托克维尔[i]式的批评家所担心的那样，这种新型的情感文化意味着我们已退缩回私人生活的小小果壳里；[13]恰恰相反，私人的自我从未像如今这般被公开地呈现出来，并且被应用到经济和政治领域的话语和价值观当中。第二章会更全面地探讨这些呈现的方式。诚然，现代身份越来越多地被人公开呈现在各类社交网络上，而且，它们使用的是一种将自我实现的愿望与对情感痛苦的声张相结合的叙事方式。此种叙事具有普遍性和持久性，我们也许可以将之称为一种简略型的**承认叙事**（a narrative of recognition），它与在市场、公民社会和国家制度边界内运作的各种社会群体的物质利

---

[i] 亚历西斯·德·托克维尔（Alexis de Tocqueville, 1805—1859），法国历史学家、政治思想家，代表作有《论美国的民主》《旧制度与大革命》等。

益与理想情况都有关。在第三章中，我试图阐明，这一将自我变成情感和公共事务的过程是如何在互联网技术中找到其最强劲的表现形式的。此种互联网技术预设并实现了一个公共的情感自我，事实上，它甚至使公共的情感自我先于其私人领域的互动自我而存在，并构成了私人自我的一部分。

尽管每一章都可以被单独分开来阅读，但它们之间其实存在着有机联系。这三章也循序渐进地朝着一个共同的主要目标迈进，即绘制我所称为**情感资本主义**（emotional capitalism）的大致轮廓。情感资本主义是一种文化，在这种文化中，情感和经济话语及实践之间彼此形塑，进而产生了一场我认为影响广泛而又全面的运动。在这场运动中，情感成为经济行为的重中之重，而情感生活——特别是中产阶级的情感生活——遵循着经济关系和交换的逻辑原则。因而，"理性化"和（情绪的）"商品化"将不可避免地成为贯穿这三章并反复出现的议题。然而，我的分析既不是马克思主义式的，也不是韦伯式的，因为我并没有预设经济和情感可以（或者说应该）彼此分离。[14]事实上，正如我所述，以市场为基础的文化类目（cultural repertoires）塑造也影响着人际关系和情感关系，而人际关系是经济关系的核心。更确切地说，市场类目与心理学的语言交织并结合在一起，为打造新的社交形式提供了新型的技术支持和意义。在下一小节中，我将探讨这种新的社交模式是如何出现的，以及它核心的（或想象的）情感要义究竟为何。

弗洛伊德及其克拉克大学讲座

作为一名文化社会学家，我接受过专业的训练，同时我本人对重大的文化变迁事件的确切日期也抱有根深蒂固的怀疑。如果我得暂时搁置自己的身份和怀疑，选择一个日期来标示美国情感文化中的转变，那么我会选 1909 年。这一年，西格蒙德·弗洛伊德[i]去往美国的克拉克大学进行讲学。在他的五场影响广泛的讲座中，弗洛伊德在各式各样庞杂的听众面前，讲解了精神分析的主要思想，或者说，他至少展示了那些未来会在美国流行文化中找到响亮回音的思想。例如，口误和无意识在决定我们命运中所起的作用、精神生活中梦的关键作用、我们大多数欲望所带有的性特征，以及家庭既是我们精神的起源也是我们精神病理的根本成因，等等。让人感到奇怪的是，虽然关于精神分析的思想起源[15]、它对自我的文化概念的影响，或它与科学思想之间的关系等方面，许多社会学和历史学分析都已为我们提供了详尽而繁复的解释，但它们忽略了一个简单而明显的事实，即精神分析和随之而来的各种关于精神的不同理论，大体上都具有重塑情感生活的主要使命（尽管它们似乎只对剖析情感生活更为感兴趣）。更确

---

[i] 西格蒙德·弗洛伊德（Sigmund Freud, 1856—1939），奥地利心理学家、精神分析学家、精神分析学派的创始人。代表作有《梦的解析》《自我与本我》《性学三论》等。

切地说，临床心理学的许多不同分支（如弗洛伊德学说、自我心理学、人文主义、客体关系等）形成了一种我所称的新型情感风格——疗愈性情感风格（the therapeutic emotional style），此种风格在整个20世纪都主导着美国的文化景观。

什么是"情感风格"？苏珊·兰格[i]在她著名的《哲学新密钥》（*Philosophy in a New Key*）中指出，哲学史上的每个时代"都有各自关注的焦点……"，而且，"是各时代处理问题的方式"——兰格称之为各时代的"技巧"——而非这些问题本身才"将其划分为一个时代"[16]。我之所以使用疗愈性情感风格这一术语，是因为20世纪的文化模式开始"专注于"情感生活，专注于其病因（etiology）和形态变化（morphology），并设计了一些特定的"技术"——如语言的、科学的、互动式的技术——来理解和管理这些情感。[17]现代的情感风格主要（尽管并非唯一）是被心理治疗的语言形塑的，这种治疗兴起于从第一次世界大战到第二次世界大战这一相对较短的时间段内。如果正如尤尔根·哈贝马斯[ii]所言："19世纪末兴起了一门学科［精神分析学］，这主要归功于一个人［弗洛伊德］……"[18]那么我在这里想要补充的便是，这门

---

i 苏珊·兰格（Susanne Langer，1895—1985），美国作家、哲学家、教育家。

ii 尤尔根·哈贝马斯（Jürgen Habermas，1929—   ），德国当代哲学家、社会学家，是法兰克福学派第二代的中坚人物，致力于重建"启蒙"传统，视现代性为"尚未完成之工程"，提出了著名的沟通理性（communicative rationality）的理论，对后现代主义思潮有着深刻的影响。代表作有《公共领域的结构变化》《文化与批判》《沟通行为理论》《交往行为理论》等。

学科很快就发展到了超出一门学科的范畴，即超出了一个专门的知识体系。这是一套新的文化实践，它重组了关于自我、情感生活甚至是社会关系的相关概念，因为它们处于独特的位置，既涉及科学生产领域，也涉及精英文化和大众文化这双重领域。借用罗伯特·贝拉[i]对新教改革的表述，我们也许可以说，疗愈性话语"重新制定了身份符号最深层的内涵"，[19]而且正是通过这样的身份符号，新型情感风格的重新构想才得以实现。

新的人际想象形成时，就会产生一种情感风格。人们会用一种新的方式来思考自我与他人的关系，并想象这种关系的诸多可能走向。事实上，人际关系——就像国家与国家之间的关系一样——不仅会被人们加以考量与渴求，存在争论、背叛和斗争，而且会被人们根据各自想象的脚本进行切磋协商，其间充满了社交亲密或是社交疏离等内涵。[20]因此，我认为，弗洛伊德对文化的最大影响就在于，它通过一种想象自我与过往自我的新方式，重建了自我关系以及自我与他人的关系。这种人际交往想象的形成背后有一些关键的思想和文化动机，而它们将会深刻地影响美国的流行文化。

首先，在精神分析的想象中，核心家庭是自我的起点，是自我的故事和历史得以开始的地方。以往，家庭作为一种方法，它"客观地"将人的自我置于一个漫长的时间链和社会秩序中，而

---

[i] 罗伯特·贝拉（Robert Bellah，1927—2013），美国社会学家，研究领域为宗教社会学，美国加州大学伯克利分校教授。

现在，它则成为一种传记性事件，象征性地贯穿于个人的一生，并独特地表达着这个人的个性。然而，具有讽刺意味的是，在婚姻的传统基石开始瓦解的同时，家庭又转过来报复式地困扰着自我，但这一次，它是作为一个"故事"和一种"策划"（emplot）自我的方式呈现自我的。在构建新的自我叙事时，家庭扮演着更为重要的角色，这是因为它既是自我的起点，又是自我必须从中解放出来的桎梏。

其次，新的精神分析性想象将自我牢牢地锚定在日常生活领域中，斯坦利·卡维尔[i]曾将这一领域称为"平淡无奇"（uneventful）的领域。[21]例如，1901年出版的《日常生活精神病理学》（Psychopathology of Everyday Life）[22]一书，其主要思想也广泛体现在弗洛伊德的克拉克大学系列讲座中。该书声称，要在最平庸和最不起眼的日常事件——悖论、口误等——的基础上，开创一门新的科学。弗洛伊德告诉我们，事实上，这些事件是极其重要的意义信息宝库，它们可以帮我们了解我们的自我及其最深层的欲望。弗洛伊德的自我理论是资产阶级文化革命的重要组成部分，它摆脱了对身份的沉思性或英雄式的定义，而将其置于日常生活领域中，这里主要是指工作场所和家庭生活。[23]但是，弗洛伊德的想象更往前迈进了一步：在普通的自我（the ordinary self）正在等待被发现和塑造时，它现在被赋予了一种新的魅力。这一

---

[i] 斯坦利·卡维尔（Stanley Cavell，1926—2018），美国哲学家、哈佛大学教授，以其理性主张闻名，研究领域包括美学、伦理学、普通语言哲学等。

普通而平凡的自我因而变得神秘，变得难以企及。正如彼得·盖伊[i]在给弗洛伊德所作的哲学性传记中所指出的那样，"所有人习惯称之为'正常'的性行为，实际上是一个长期的、经常被阻断的朝圣之旅的终点，而这是许多人可能永远达不到的一个目标。那种成熟且正常形式的性驱动是**一种成就**"[24]。事实上，普通而平凡的自我之所以成为令人着迷的想象的对象，是因为它现在综合了两种相互对立的文化形象：正常（normality）和病态（pathology）。弗洛伊德非凡的文化成就来自两点：一是将迄今为止被定义为"病态"的东西纳入"正常"中，从而扩大了后者的范围（例如，他认为性欲的发展始于同性恋）；二是使"正常"问题化（problematizing normality），从而使其成为一个艰巨的目标，需要调动大量的文化资源（比如，异性恋不再是既定的，而是一个需要实现的目标）。因此，如果像福柯[ii]所言，19世纪的精神病学话语是在正常和病态之间划分了严格的界限，[25]那么，弗洛伊德则是系统地模糊了这一界限，并提出了一种新的正常范畴。其中包含对病态特征的重新描述、对自我的开放式计划，以及一个未被定义却强大的自我目标。

最后但并非最不重要的一点是，弗洛伊德将性（sex）、性

---

[i] 彼得·盖伊（Peter Gay，1923—2015），耶鲁大学教授，曾获美国历史学会颁发的学术杰出贡献奖，著有《现代主义》《魏玛文化》《启蒙运动：一种解读》等。
[ii] 米歇尔·福柯（Michel Foucault，1926—1984），法国哲学家、思想史学家、社会理论家、语言学家家、性学家。代表著作有《疯癫与文明》《规训与惩罚》《性史》《词与物》等。

快感（sexual pleasure）和性向（sexuality）置于这种新型想象的中心。已有大量的文化资源被用来规范性向，鉴于这样一个事实，我们也可以相当理性地论证，只有开放式的自我计划方能激发弗洛伊德同时代人被审查规约的想象力。在这一开放式的自我计划中，性和性向是作为病理学中强大的无意识原因而出现的，这也是趋向成熟和完全发展的标志。性向之所以能够如此顺利地融入现代想象，是因为它与另一种极其现代的推动力（语言）相结合，从而得以摆脱19世纪关于性向阐释的"原始主义"（primitivist）内涵。不仅语言中充满了新型的、未知的性向（例如，在关于"悖论"或口误的主题阐释中），性向本身也已成为一种主要基于语言的事务（linguistic affair），它需要经过大量的概念澄清和语言表述方能实现。

精神分析的想象能在美国取得非凡成就，有着多重体制性和组织上的原因。首先，美国家庭日益呈现出的三角结构——约翰·德莫斯[i]称其为"温室"家庭（"hothouse" family）——与弗洛伊德的俄狄浦斯情结三角理论之间有着密切联系；[26] 其次，弗洛伊德的理论呼应了人们对真实性的追求，这种追求是新兴却密集的消费文化的核心；[27] 再次，弗洛伊德的理论被学术界、医学界和文学界的诸多机构广泛接受和传播；[28] 此外，医学与流行文化之间的制度界限几乎微乎其微，从而使得医师成为新思想——如弗洛伊德主义——的普及推广者；[29] 最后，在科学医学

---

[i] 约翰·德莫斯（John Demos, 1944— ），美国作家、历史学家，耶鲁大学教授。

和精神医学之间发生过激烈的争论，而弗洛伊德的范式似乎调和了二者之间的矛盾。[30] 遗憾的是，我无法详述弗洛伊德的思想在美国各机构中火热风靡起来的错综复杂的原因。简单地说，精神分析处于这样一个特殊的位置，它一方面可以连接起心理学、神经学、精神病学和医学的专业实践，另一方面，它又可以沟通起高雅文化与通俗文化。因此，它便能够在输出美国文化的所有场所中进行广泛的传播，这一点尤其体现在电影和教诲文学（advice literature）中。

19世纪20年代，教诲文学像电影一样，是一种新兴的文化产业。它后来成为了传播心理学思想和阐述情感规范的最持久而有效的平台。教诲文学结合了当前的许多迫切需求：首先，据其定义，它必须具有一般性的特点，即需要使用法律式的规范语言，从而让其具有权威性，并能使其作出类似法律文书式的声明；其次，它必须不时改变它所处理的问题，这样才能使它成为一种定期被人们消费的商品；此外，如果它想面向具有不同价值观和观点的读者群体，那它就必须是非道德的（amoral），即它需要对诸如性向和社会关系行为等问题持中立观点；最后，教诲文学必须是可信的，它需要由合法的渠道来提供。精神分析和心理学不啻咨询行业的金矿，因为它们被包裹在科学的光环中；它们可以高度个性化（适用所有人、兼具所有个体的特殊性）；它们可以解决各式各样的问题，从而实现产品的多样化；还因为它们似乎对禁忌话题提供了科学式的冷静关注。随着消费市场的进一步扩大，图书行业和女性杂志热切地抓住了一种既能容纳理论与故事，又能兼顾普遍与特殊，还不带有评判性且规范式的语言。虽然教诲文学没有对读者产生直截了当的影响，但它的重要性在于，它为自我和协商其他社会关系方面提供了可用的词汇，目前这一点还尚未得到人们的充分认可。许多当代的文化材料都以建议、告诫和操作指南的形式出现在我们面前，而且我们知道，在许多社交网络中，现代自我是自我塑造的——它动用各种文化资源来决定行动的方案。因此，教诲文学的重要作用可能就在于，它塑造了自我用来理解自身的词汇。

重塑企业创造力

与其他的专家和专业人士（如律师或工程师等）不同，心理学家逐渐坚定地在几乎所有领域中都具备了专业技能——通过市场营销和性向研究[31]，它们波及了从军队到育儿的各个方面——并使用教诲文学来巩固此种职业使命。随着20世纪的发展，心理学家越来越多地承担起指导他人的使命，他们在以下各大领域就各种问题向人们提供各式指导和帮助：教育、犯罪行为、司法专家证词、婚姻、监狱改造计划、性向、种族和政治冲突、经济行为和士兵士气等。[32]

这种影响最为显著地体现在美国的公司中，在那里，心理学家以一种全新的生产构想方式将情感与经济活动领域串联在一起。19世纪80年代到20世纪20年代这一时期，一般被称为资本主义的黄金时代。在此期间，"工厂制体系建立，资本趋向集中，生产标准化，组织官僚化，大量劳动力涌入各大企业"。[33]最为显著的要数大规模企业的兴起，它们雇用了数以千计甚至是上万名工人，从而"使企业的官僚化日趋复杂且等级森严"。[34]到了20世纪20年代，86%的工薪阶层就职于制造业。[35]更为显著的一个事实是，美国的公司拥有全球最大比例的行政管理人员（每100名生产工人之中，就有18名行政管理人员）。[36]公司规模的扩大与管理政策的巩固齐头并进，后者旨在使生产过程更具系统化和理性化。诚然,管理体系已经改变(更确切地说是成倍增加)了控制的确切地点,从传统资本家的手中转移到了技术专家的手中,他们使用科学、理性和普遍福利的话语修辞来建立他们自己的权威性。有人将这种转变视为工程师夺取了一种新形式的权力。作为一类专业人士,他们强加了一种新的管理意识形态,它将工作场所视为一个"系统",在个人将被泯灭于其中的同时,普遍法则和规章将在其中被正式执行,并会被运用到工人身上和劳动过程中[37]。与经常被描摹成贪婪和自私的资本家不同,在这种新的管理意识形态中,出现了理性、负责、有预见性的管理人,他成为标准化、理性化的新规则的化身。[38] 工程师倾向于视工人为机器,将公司当作一个非个人化的系统来操作。但这种观点忽略了一个重要事实,即与工程师的修辞话语并行而来或随之而来的,是另外一套修辞话语,它由心理学家打头做先锋,特别关注个人,关注工作关系中的非理性维度和工人的情感。[39]

20世纪初以降,公司管理人员招募来各种临床心理学家,以便就公司内部的纪律管理和生产力问题找寻解决的良方。[40]20世纪20年代前后,正是临床心理学家被公司动员和号召起来,帮助企业制定了新的管理任务所需的指导方针。这些临床心理学家深受弗洛伊德心理动力学的启发。此外,他们在帮助军队招募士兵或治愈有心理创伤的士兵这方面,也成就斐然。

在此,不得不提及埃尔顿·梅奥[i],在任何关于管理理论的论

---

i 埃尔顿·梅奥(George Elton Mayo, 1880—1949),澳大利亚心理学家、工业研究者、组织理论家。

述中,他都会占据一席之地,因为"在学科或研究领域中,很少能有单一性的系列研究或单个研究者或写作者,能像梅奥及其霍桑实验研究那样,产生如此巨大、持续了四分之一个世纪之久的影响"。[41] 在人际关系运动以前,临床心理学家声称,诸如"忠诚"和"可靠"等道德品质是公司内部生产性人格(productive personality)的关键属性。而在梅奥著名的霍桑实验中——从1924年开展到1927年——他对情感交换本身给予了前所未有的关注,而他的主要研究发现,如果工作关系中包含对员工感受的关心与关注,那么生产力就会提高。梅奥接受的精神分析师的训练是荣格[i]式的,他将精神分析的创造力引入工作场所,从而取代了维多利亚时代"品格论"的道德语言。[42] 梅奥对公司的干预具有彻底的治疗特性。例如,梅奥所建立的访谈方法具备疗愈性访谈的**所有**特征(除名称以外)。在通用电气公司(General Electric)的工厂车间里,梅奥和他的团队曾进行过调解,事实上,梅奥也正是采用这种方式来采访那些心怀不满的工人的:

> 在保证专业自信(从未被滥用)的前提下,工人们希望能够与似乎能代表公司或从其态度看来具有权威性的人

---

[i] 卡尔·古斯塔夫·荣格(Carl Gustav Jung, 1875—1961),瑞士心理学家、精神科医师,曾与弗洛伊德合作、发展并推广精神分析学说,后与弗洛伊德理念不和而分道扬镳,创立了荣格人格分析心理学理论,代表著作有《原型与集体无意识》《寻找灵魂的现代人》《心理类型》《红书》等。

交谈，并且得是自由地交谈。这种体验本身是非凡的，因为在这个世界上，人们很少能有这种经历，即找到这样一个聪明、专注、渴望倾听而又不打断他人说话的人。要想做到这一点，就必须训练采访者学会去倾听，学会如何避免打断别人或是给出建议，还要学会在个别情况下，如何大致避免提及一切可能会结束工人自由表达的事情。因此，我们制定了一些指导采访者开展这项工作的大致规则。这些细则大致如下：

1. 全神贯注于你的受访者，并向其展示，你正在这样做。

2. 倾听——不要说话。

3. 永不争论，从不给建议。

4. 听出：
（a）他想说的话；
（b）他不想说的话；
（c）他在没有帮助的情况下无法说出的话。

5. 一边倾听，一边试着总结展现在你面前的这个（个人化的）模式，以便随后可以加以更正。为了验证这一点，你需要不时地总结受访者所说的内容，并给予评论（例如，"你是在说……吗？"）。始终以最谨小慎微的方式执行这一步骤，即以不添加或不歪曲的方式来进行澄清。

6. 需谨记，受访者所说的一切都要视为个人机密，不得泄露给其他任何人。[43]

就个人而言，我不知道如何对疗愈性访谈下个更好的定义，但其目的正在于能引出未经审查过滤的言论和情感，并力图建立信任。梅奥似乎于无意中发现了情感、家庭和亲密关系的重要性，但实际上，他只是将治疗的范畴引入到了工作场所。对梅奥所处理的原始案例进行分析具有指导性意义，这既体现在他基于心理学方法处理工作场所冲突的方式，也体现在，他的处理方法能够引发情感性交谈，并能在工作场所中唤起家庭所施加的幽灵式的隐性影响。在解决工厂女工的各种问题时，梅奥发现，那些问题都具有情感特性，而且还反映了她们的家族历史。例如，"一个女工……在一次采访中发现，她不喜欢某个主管是因为，她认为这位主管与她讨厌的继父很相像。难怪这位主管曾告诫采访者，她是个'棘手的麻烦精'"。[44]再举一例，采访者还发现，一名女性在工作中表现糟糕，是因为她的母亲曾向她施压，希望她能提出升职加薪的要求：

> 她向一位采访者讲述了自己的情况，很明显，对她来说，升职加薪意味着与她平时的搭档和同事们分开。虽然这并非直接相关，但有趣的是，在向采访者解释了一番情形之后，她便能冷静地向母亲描述自己的处境……而这位母亲也即刻表示了理解，并放弃了劝女儿晋升的想法，于是，女孩得以重返工作岗位。这最后一个例子说明，采访是在交流中

解除情感障碍的一种方式——无论是在工厂内部还是在工厂之外。[45]

这里需要注意的是，家庭关系是如何自然地被带入工作场所，以及在后一个例子中，"情感障碍"一词又是如何将情感和精神分析的想象置于工作关系和生产力的中心。情感性语言和生产效率语言越来越多地交织在一起，且相互影响。

埃尔顿·梅奥彻底革新了管理理论，因为在他将自我的道德语言重塑为冷静的心理科学术语时，他也用"人际关系"这一新词汇取代了迄今为止盛行的工程师的理性修辞。梅奥指出，各种冲突不是由争夺稀缺性资源所致，而是由复杂的情感、性格因素和未解决的心理矛盾引起的。于是，梅奥在家庭和工作场所之间建立了一种散漫的**连贯性**。事实上，他引入了精神分析的想象，并将其置于经济效率语言的核心位置。不仅如此，成为一名优秀的管理者，越来越意味着要具备一名优秀的心理学家的素质：能够领会、倾听和冷静地处理工作场所中社会交往上的复杂的情感本质。例如，当工人表达不满时，梅奥和他的团队建议管理者倾听他们的愤怒和抱怨。梅奥还指出，实际上，倾听有助于让工人冷静下来。[46]

但也许更有趣的是，梅奥在通用电气公司的工厂开展的研究中，受试者全是女性，而且梅奥自己都不知道，他的发现是高度性别化的。因此，如果真像许多女权主义者声称的那样，男性气质被隐性地固化在我们大多数的文化范畴中，那么梅奥的发现无疑是一个反例，即在"普遍"主张中铭刻上了女性气质。梅奥使用了一种女性的方法——基于言说与情感交流——来解决美国公司内部女性员工的问题，从根本上说，是有关人际关系和情感本质的问题。例如，梅奥声称，在他的研究团队与工人交谈过后，生产力提高了。他论证道，这是因为工人们感到自己被重视、被遴选了出来，由此建立了良好的人际关系，他们也与其他工友建立了良好的关系，这就营造了一个更为愉快的工作环境。彼时，梅奥将心理学的概念工具应用于女性身上，基于其研究发现，他和追随他的顾问团队在无意中启动了这样一个过程：将女性情感体验和自我的各个方面纳入新的指导方针，以便在现代社会的工作场所中管理人际关系。在这样做的同时，梅奥也就为推动工作场所内重新定义男性气质的进程作出了重大贡献。

此举还有更多好处：新的情感处理方法**软化了工头的性格**。事实上，正如社会历史学家斯蒂芬妮·孔茨（Stephanie Coontz）所发现的那样："在工业化的美国，男性……所需要的工作品质几乎都是女性化的：圆通、团队协作、能接受指导。必须重新定义男性气质，而不是直接从工作过程中得出。"[47]从20世纪20年代开始，在新的管理理论的推动下，管理人员在自己未察觉的情况下，不得不去修改关于男性气质的传统定义，并将那些所谓的女性特质——例如，关注情感、控制怒火以及有同理心地倾听他人——融入到他们的个性中。这种新型的男性气质并非没有矛盾之处，因为它本应避免一些女性气质的特点，但在工业化的工厂中，这种男性气质比以往任何时候都更接近女性对自己和他人情感的自觉关注。

因此，维多利亚时代的情感文化通过公私领域的两轴划分来区分男性和女性的职能界限[i]，而20世纪的疗愈文化通过将情感生活置于工作场所的中心来缓慢消弭和重新划分这些界限。

---

i 参见英国作家、学者和思想评论家约翰·罗斯金（John Ruskin）这方面的代表作《芝麻与百合》。

一种新型情感风格

在塑造企业自我的话语方面，心理学语言取得了巨大的成功，因为它能够理解资本主义工作场所的变化，也因为它使新的竞争形式和等级秩序自然化，所有这些并非心理学的劝服语言本身所固有的，但越来越被它编码。随着公司规模的不断扩大，员工和高层管理人员之间出现了更多层级的管理人员，此外，随着美国社会导向服务型的经济——正在走向所谓的后工业社会——一种主要涉及人、人际互动和情感的科学话语，就成了在工作场所中塑造自我语言的自然选择。心理学话语之所以能取得巨大成功，是因为在职业兴起的背景下，[48]心理学家提供了一种关于人、情感和动机的语言，这似乎呼应并迎合了美国工作场所内的大规模转变。正如卡尔·曼海姆[i]在其《意识形态与乌托邦》(*Ideology and Utopia*)的经典研究中所说的那样："[一种]**思想风格[是指]一系列无休止的反应，用以应对表述他们共同立场的特定的典型状况。**"[49]职场中的自我管理越来越成为一种"难题"，这是因为，公司的等级秩序开始像对待商品一样对员工进行定位，还因为企业之间需要协调与合作。20世纪20年代后期，经济衰退，失业率随之急剧上升，工作变得越来越不稳定。[50]这种不稳定性

---

i 卡尔·曼海姆（Karl Mannheim，1893—1947），犹太裔德国社会学家，生于匈牙利，是经典社会学和知识社会学的创始人之一。

又反过来催生了对专家理论的依赖。心理学家便充当了"知识专家",他们提出改善人际关系的思路和方法,从而改变了塑造外行思维的"知识结构"或意识。此外,对于管理者和公司老板来说,心理学的语言也特别契合他们自身的利益:心理学家似乎总会给出增加企业利润、阻止劳工动乱、以非对抗性的方式来协调管理者与工人之间的关系的承诺,他们还会通过使用关于情感和个性的温婉言辞来中和阶级斗争。对工人而言,心理学的语言也具有吸引力,这是由于它看起来更加民主,因为现在,它使个性和共情能力而非与生俱来的特权和社会地位成为决定良好的领导才能的关键。毕竟,在以前对工人的控制体系中,"工人在诸如雇用、解雇、薪酬、晋升和工作量等问题上,必须完全服从于工头的权威。而大多数工头使用的是'激励机制'(drive system),这是一种包括严格监管和口头谩骂的管理方法"。[51]虽然大多数社会学家认为,在公司内部,心理学的早期应用是一种新的控制方式,它的微妙性使它更为强大。但我认为,正相反,它对工人具有非凡的吸引力,是因为它使工人和管理者之间的权力关系趋向民主化,并灌输了这样一种新的理念:一个人的个性——外在于其社会地位——才是取得社会成就和成功管理的关键所在。因此,心理学话语开创了一种新的社交与情感形式,其根基是两个关键的文化动因:"平等"和"合作"。人际关系只有在被假定为平等的人之间才能建立,人际关系的目标是通过合作来提高工作效率。目前,平等与合作的双重前提对公司内部的社交行为施加了新的限制,这些限制不能等同于"虚假意识""监视"或"意识形态"等。

作为企业精神的沟通伦理

通过创建新的分析对象，心理学家创建了新的行为模式，而这又反过来形成了大量而广泛的工具、实践和惯例。从20世纪30年代到20世纪70年代，广受欢迎的心理学家撰写了大量的管理指南手册，他们阐述的不同理论都集中交会在一个领先的文化模式上："沟通"模式。社会学家如此司空见惯地将"交流"与哈贝马斯联系起来，以至于他们都忘记了，在过去的三四十年中，关于交流的思想和文化理想其实一直都在管理学和流行文化中广为流传。重视"沟通"的疗愈思想越来越意味着，想成为公司一名优秀的管理者和称职的成员，就需要具备一定的情感、语言和一些个人化的特质。"交流"的概念——以及我很想称之为"交际能力"的概念——是福柯所说的知识型（episteme）的一个杰出例证，这是一种新的知识对象，它反过来又会产生新的知识话语工具及实践。[52] 但是，福柯并没有——鉴于他的理论前提，也许是不能够——探究人们实际上用特定形式的知识在做什么，以及这些知识在具体的社会关系中"起何种作用"。福柯的方法是将心理学内涵及其实践笼统地混在了一处，并归入诸如"规训""监视"和"治理"的标题下来讨论。与福柯使用的这种方法不同，我建议，我们应采取一种更加务实的举措，[53] 即我们需要探究人们实际上在利用知识做什么，也要知道这些知识是如何在不同语境和社会领域内产生意义并"起作用"的。[54]

交流的语言模型是一种文化工具和资源宝库,作为一种方法,它用于协调行动者**之间及其内部**的关系,即协调假定的平等并享有同等权利的人之间的关系。此外,它还要协调这样做所需的复杂认知和情感机制。因此,"沟通"是一种自我管理技术,它广泛依赖于语言和对情感的适当管理,但其目的是维护和协调情感之间和情感内部的平衡。

根据流行心理学所定义的沟通要求,想成为一个好的管理者,其首要条件是能够"客观地"评估自己,这意味着要了解自己在别人眼中是什么样的,反过来也意味着要进行相当复杂的内省工作。许多关于卓越领导才能的指南书籍都写着,领导者要成为一名米德[i]式的行动者,懂得评估和比较个人的自我形象和他人眼中自己的形象。正如一本指导手册上所言:"要是没有管理培训课程(一个交流工作坊),迈克的职业生涯很可能会停滞不前,这并非因为他缺少能力,而是因为他**不明白自己给别人留下了错误的印象**。"[55] 一些与成功管理相关的指导手册也将个人有无从外部来看待自身的能力视为取得成功的前提,也就是说,这是为了掌控自己对他人的影响。然而,这种对个人表现的新型操控,并不是说要对他人采取冷漠或愤世嫉俗的态度。恰恰相反,米德式

---

[i] 乔治·赫尔伯特·米德(George Herbert Mead, 1863—1931),美国社会学家、哲学家,芝加哥大学教授,符号互动理论的奠基人。

的自反性自我（reflexive selfhood）要求人们有同情心和同理心。例如，1937年，在广受大众欢迎的《人性的弱点》一书中，戴尔·卡耐基[i]如此写道："如果读完这本书，你只学会了一样东西，那就是越来越倾向于从他人的角度来思考，就像从你自己的角度那样从他人的角度来看问题，那么这很有可能是你职业生涯中的一个重要的里程碑。"[56]

同理心——认同他人观点和感受的能力——既是一种情感能力，也是一种象征性的能力，因为同理心的先决条件便是，我们必须破译他人行为的复杂线索。要成为一名良好的沟通者，就得具备解读他人的行为和情感的能力。要成为一名优秀的沟通者，需要相当复杂地去协调情感和认知能力：人们往往会通过留下线索和发出信号来既隐藏又展示自身，因此，只有掌握了这些复杂的线索和信号之网，我们才能成功地和他人共情。这就解释了为何大量关于在公司内取得职业成功的指南书籍读起来都很像符号学手册，例如，它们会带有诸如"符号与信号""如何识别暗示和线索""话语背后的真实内涵"这类章节标题。[57]

事实上，拥有自我意识与认同他人并倾听他们的忠告是相伴相随的。例如，一个提供沟通技巧的网站这般指明：

> 良好的沟通技巧需要人们具备高度的自我意识。了解你

---

[i] 戴尔·卡耐基（Dale Carnegie，1888—1955），美国著名人际关系学大师，西方现代人际关系教育的奠基人，被誉为20世纪最伟大的心灵导师和成功学大师。

的个人沟通方式将大大有助于你给他人留下良好而持久的印象。通过更加了解他人是如何看待你的，你可以更容易地适应他们的沟通方式。这并不是说，你必须成为一只变色龙，随着自己遇到的人而相应地变色。正相反，通过选择和强调那些适合你的个性并能与他人产生共鸣的行为，你可以让他人对你更加满意。要是能这样做的话，你将会成为一个积极的倾听者。[58]

倾听——或者说反映个人意图和本意的能力——至关重要，因为它与你能否有效地避免冲突并和他人建立合作的能力密切相关。这是因为倾听他人能使人产生如哲学家阿克塞尔·霍耐特[i]所言的"认可"或"[人们具有的]对他们自身的积极理解"，这是因为"自我形象……取决于它是否能不断得到他人的支持"。[59]因此，认可需要在认知和情感层面上对他人的主张和立场的承认与加强。

"积极倾听的技巧"会产生多种好处。[60]首先，倾听者允许对方进行情绪的宣泄。倾诉者感到自己被人倾听，进而释放压力。倾听者的体态和手势，如点头等，则进一步让倾诉者确认有这种被人倾听的感受。倾诉者的感受会从倾听者那里得到回馈（例如，"这对你来说真的很重要……"）。倾听者会重申或复述倾诉

---

[i] 阿克塞尔·霍耐特（Axel Honneth, 1949— ），德国社会理论家、法兰克福学派第三代核心人物，师从哈贝马斯，著有《我们中的我：承认理论研究》等。

者所说的话，再次与他核实其准确性。接着，倾听者进一步澄清问题以获取更多的信息。一个讲一个听的"倾诉-倾听"（telling-listening）功用在解决冲突中尤为重要。这在双方需要维持持久关系的情况下尤其如此，不论它是发生在闹离婚的父母之间，还是发生在波斯尼亚的族裔社区冲突之中。[61]

通过创建规范和技巧来接纳、验证和认可他人的感受，"沟通"灌输了"社会认可"的技术策略与机制。正如前文引述中所指出的那样，社交技巧，例如灌输社会认可，是适用于各种社会领域的技能，它通过政治领域可以从国内波及国际。因此，沟通是一种文化资源宝库，旨在促进合作、预防或解决冲突，并对个人的自我感和身份认同进行背书。也即，工作场所的社会交往日益要求人们的自我展现其真实的内在性（以情感和需求的形式来体现），与此同时，疗愈性的劝服话语又建立了一种社会认可的机制，从而可以保护暴露的自我。这样，沟通就成了一种定义社交模式的方式，在这种模式中，始终不稳固的自我感必须被加以保护。因此，沟通定义了一种社交能力的新形式，在这里，情感和语言的自我管理旨在建立各种模式并取得社会认可。

然而，事情正在变得复杂，因为"沟通"在社会学概念中是一个令人棘手的"半人半马的怪物"（centaur）：从策略上而言，它是合理的，因为一般认为，它能够使个人实现并巩固自己的目标。然而，个人战略目标的成功依赖于社会认可的动态实现。人们认为，正是这种情感的、语言的和根本的社交能力，会帮助个人在公司内部取得成功。某种程度上，这就好像心理学家成功调和了亚当·斯密[i]哲学思想中两个假定不相容的方面——《道德情操论》和《国富论》——一样。因为这两部著作断言,在发展同理心和倾听的技能时,个人也会进一步追求自身的个人利益、提升自己的专业能力。专业能力是由情感术语来定义的,即认可和共情他人的能力。这种为了建立社交关系的情感能力,现已被夸大成了专业能力的同义词。[62]

最初,沟通的概念和实践是作为一项技能和对自我的理想定义而提出的,而现在,它甚至被用来描述理想的公司。例如,巨型公司惠普(Hewlett Packard)便以这种方式来描述自己:"惠普是这样一家公司,在这里,人们可以自由交流,具备沟通精神,拥有紧密的人际关系;在这里,人们可以畅所欲言,向他人敞开心扉。这是一种情感性的人际关系……"[63] 我认为,沟通已经成为定义企业自我(corporate selfhood)的模式。为了更好地说明这一点,我们可以看看下述引文内容:

> 最近有一项研究对拥有 50000 名以上员工的公司的招聘人员进行了调查。其结果显示,沟通技巧是选择管理者的一个更[原文如此]关键的决定因素。这项调查由匹兹堡大学的卡茨商学院(Katz Business School)发起和展开,其结果显示,沟通技巧——包括书面和口头陈述——以及与他人合

---

[i] 亚当·斯密(Adam Smith, 1723—1790),出生于苏格兰,英国哲学家、经济学家、作家,被誉为经济学之父。

作的能力，是促成工作成功的主要原因。[64]

沟通在形塑有竞争力的企业自我上变得如此关键，其原因有多重。首先，社会关系日益民主化，它带来了规范结构的变化，因而必须建立程序性规则，来调和企业组织日益等级化的结构和日益民主化的社会关系。其次，由于专业能力和个体表现越来越被看作个人真实而深刻的自我的结果与反映，"认可"便变得至关重要，因为在工作过程中不仅会涉及技能，还会涉及和评估作为"整体的人"。最后，经济环境日趋复杂，新的技术日益更新，以及由此导致的旧技能的迅速过时，使得成功的标准在不断发生变化，有时甚至自相矛盾，这也给自我抛来沉重的不确定性负担，因为自我要为管理现代工作场所的不确定性和紧张态势全权负责。因此，沟通已经成为一种情感能力，有了这种能力，人们就可以在充满不确定性和相互冲突的环境中游刃有余地处理事务。此外，通过培养协调和认可的沟通技能，人们也可以很好地投入与他人的合作之中。[65]

经济领域远非排除了情感，恰恰相反，它满溢着情感。这种情感是合作的必要条件，它在"认可"的基础上解决冲突，同时，它也受合作需求和解决冲突模式的支配。由于资本主义要求并创造了相互依存的社交网络，[66]因而，情感位于其商品交易的核心，它也随之解构了其最初帮助建构的性别身份。"交流的风气"（communicative ethos）要求我们运用心理和情感的技能来认同他人的观点，这便将管理者的自我定位导向传统女性自我的模型。更确切地说，交流的风气**模糊了社会性别的划分**，因为它呼吁男女两性都要控制自己的负面情绪，变得友善，通过他人的视角看待自己，并能够共情他人。这里仅举一例："在职场关系中，男性不必总是具备'强硬'的男性气质特征，而女性也不必总贴上'柔弱'的女性气质标签。男性可以且应当和女性一样，敏感、细腻且富有同情心……他们也可以掌握合作和劝服的艺术。同样，女性也应当与男性一样自信坚定、具备领导能力，并可以掌握竞争和指挥的艺术。"[67] 因而，情感资本主义重新调整了情感文化，它使经济自我具备了情感，并使情感更加紧密地与工具性行动（instrumental action）相关联。

当然，我并不是说，指导手册的禁令和指引对企业生活造成了直接影响，我也不是说，它们奇迹般地消除了职场世界中严苛且往往是残酷的竞争现实，以及男性对女性的统治。我想表达的是，一众从事管理和处理人际关系方面的心理学家和顾问制定了情感化的新模式，它们虽微妙却彻底地改变了中产阶级工作领域内的社交方法和模式，还重新调整了用来管理社会性别差异的认知与实际的情感界限。因而，透过情感的棱镜来看，资本主义的工作场所远非如人们历来想象的那样匮乏情感。

现在，让我就上面这句话再作一番阐释，并探究一下如果透过情感的棱镜去看待私人领域，其视角是否也发生了变化。按照历来的观点，资本主义在公私领域之间作了严格的区分。女人掌控着私人领域，其中包含甚至主要代表的情感，是同情、温柔和无私奉献等。引用南希·科特[i]在对中产阶级私人领域做的开创性研究中的话来说就是，女人因此"被排除在由金钱驱动的、雄心勃勃的竞争性舞台之外……如果把男人比作最勇猛的战士，他们被'生活的困境'折磨得'疲惫不堪'，那么，女人就会在他们注定要前行的荆棘路上撒满芬芳的玫瑰"。[68]然而，当我们真正透过情感的棱镜来观察时就会发现，这些在家庭的私人花园中培育出来的玫瑰，也长满了扎手的刺。

---

i 南希·科特（Nancy F. Cott，1945— ），美国哈佛大学历史系教授，美国历史学家组织（OAH）前任主席。

玫瑰与刺——摩登家庭的美好与伤痛

心理学家对婚姻生活的干预

要说疗愈性语言是谈论家庭的最佳语言,似乎是老生常谈。因为,一方面,疗愈性语言从一开始就属于一种家庭叙事,即它是一种关于自我和身份的叙事,负责在人的童年和最初的家庭关系中稳固自我。另一方面,疗愈性语言也是一种旨在改变家庭结构的语言(尤其可能是针对中产阶级家庭而言)。

尤为有趣的是,20世纪见证了另一种叙事——女权主义叙事——的兴起。与疗愈性叙事一样,女权主义叙事声称,它会厘清家庭结构在塑造自我中所起的作用。在疗愈性话语和第二波女权主义话语中,家庭不仅为人们理解自我的病理成因提供了一个根本的隐喻,而且是以上两种劝服话语所呼吁的自我改造的主要阵地。1946年,美国通过了《全国心理健康法案》(National Mental Health Act)。[69] 在此之前,心理学家的工作仅限于为军队、企业以及患严重精神障碍的人提供治疗服务。随着1946年《全国心理健康法案》的颁布,普通公民的心理健康也被囊括到心理学家的管辖范围之内,这标志着心理学家作为一个专业团体,其权力范围有了大幅度的扩张。正如埃尔顿·梅奥希望在企业内部提升工作效率和促进人际和谐一样,这类新型的自封为精神疗愈师的人声称,他们能促进家庭内部更好的和谐。普通的中产阶级正在为过上美好生活等普通的问题而努力着,他们也越来越多地被纳入到心理学家的专业范围内。事实上,正如海伦·赫尔曼[i]在其调查中发现的那样,社区的心理健康部门也为受过良好教育的更多的中产阶级客户提供了新型的服务——心理治疗。[70]在20世纪50年代和60年代,联邦政府的立法反过来为面向社区的心理学和精神病学提供了必要的基础设施,这有助于心理学将其影响范围扩大到精神"正常"的中产阶级人士中去。[71]换言之,心理学家的专业兴趣发生了急剧的转向,他们将客户群导向了"正常人群",这不仅扩大了疗愈服务的市场,也标志着接受这些服务的群体的社会身份发生了转变。到了20世纪60年代,心理学已经完全制度化,并成为了美国流行文化中固有的一个方面。

心理学在美国文化中的全面制度化与20世纪70年代女权主义的全面制度化互为映照。事实上,到20世纪70年代中期,一个广泛的女权组织机构的网络已经形成:"面向妇女的诊所、信用互助社、强暴危机化解中心、书店、报社、出版社和体育联盟"[72]已广泛存在。女权主义已经成为一种制度化的实践,它的强大能量只会随着大学里妇女研究所的建立而增长,而这反过来又影响到大学内外一系列其他的制度实践。[73]

在试图理解心理学和女权主义之间的关系时,大多数的理论分析家都去关注它们之间相互敌对的历史。然而,这二者之

---

[i] 海伦·赫尔曼(Helen Herrman),澳大利亚精神科医师、世界精神病学协会(WPA)的前任主席(2017—2020),作者在原文中疑似将其姓氏拼错了(Herman),应为Herrman。

间的共同点同样容易找到。随着 20 世纪的发展，女权主义和心理学成了最终的文化盟友。一方面，女性逐渐成为疗愈文化的主要消费群体，这就使得治疗越来越具有和女权主义相同的图式，也即，它们都有直接源自女性经验的基本思想范畴。另一方面，因为第二波女权主义浪潮深耕于家庭和性领域，而且它将女权主义的解放叙事也定位在这些领域之内，所以它与疗愈性叙事有着天然的亲缘性。由于图式可以从一种经验范畴转移或调整至另一范畴，也可以从一种制度领域转移到另一领域，因而，女权主义和心理学便可以相互借鉴。例如，心理学和女权主义都特别强调那种隶属于女性意识中的自反性（reflexivity）特点。正如艺术史学家约翰·伯格[i]所指出的那样，女性既是"**调查者又是被调查者**"，这是"她作为女性身份的两个构成要素，虽然它们之间始终有着明显的区别"。[74]女权主义和心理治疗都要求女性既能充当调查者又能充当被调查者。此外，与女权主义话语一样，疗愈性话语不断鼓励女性学会综合这两套相互矛盾的价值观，即一方面能提供关怀和养育，另一方面能独立自主与自力更生。实际上，独立和养育是女权主义和心理治疗的两个中心议题，如果适当地将二者结合起来，将会促成情感健康和政治解放。最后，也许也是最重要的一点，女权主义和心理治疗都有相同的理念和实践，它们会将个人的经验转

---

[i] 约翰·伯格（John Peter Berger，1926—2017），英国艺术史家、评论家、小说家、画家和诗人，代表作有《观看之道》。

化为公共的言说。这是本身就有自己既定的观众并针对某些特定观众的公共言说,从某种意义上而言,它也是一种致力于探讨规范和价值的言说,这些规范与价值一般带有普遍性而非特殊性的特点。在这种将私人言说转化为公共言说的过程中,意识提升团体(consciousness-raising group)所起的作用典型而突出,它们对主要扎根于基层群众的第二波女权主义运动而言意义非凡。

在女权主义运动中,疗愈性叙事影响深远,这样的例子比比皆是。资深的女权主义活动家、《妇女》[i]杂志主编格洛丽亚·斯泰纳姆[ii]在她1992年出版的自传《自内部发起的革命》(*Revolution From Within*)中曾指出,心理障碍对上层阶级和下层阶级的女性具有同等的影响,此外,低自尊是危害女性的另一大主要问题。[75]或者,我们也可以举一个最近广为流传的例子,倡导和平与女权主义的社会活动家简·方达[iii]在其自传中也同时使用了女权主义和疗愈性的专业术语,使自己摆脱束缚,获得自由。她想要挣脱的使她虚弱不堪的影响,一方面来自与她情感疏远的父亲——亨利·方达,父亲很少拥抱女儿,她从未感受到足够的关

---

i 《妇女》(*Ms.*),创刊于1971年,是美国第一本自由女权主义的杂志,旨在为各界女性发声。

ii 格洛丽亚·斯泰纳姆(Gloria Steinem,1934—),美国女权主义者、记者、社会政治活动家,《纽约》杂志的专栏作家。

iii 简·方达(Jane Fonda,1937—),美国女演员,曾获评1972年及1978年年度奥斯卡影后,代表作有《柳巷芳草》《荣归》等。

爱；另一方面来源于她随后三段不幸的婚姻，其三任丈夫都很冷漠。在她的自传中，寻找自己内心真实的声音就成了一种既关乎情感又关乎政治的行动。[76]

心理治疗和女权主义的相互影响尤其体现在关于情感和性亲密的文化模型的阐述中。其背景是性心理治疗领域的兴起，这本身就与当时广为流行的金赛性学报告[i]有关，也与随后马斯特斯（Masters）与约翰逊（Johnson）共同进行的性研究关联密切。[77]亲密关系这一概念，结合了心理学话语和女权主义话语的双重特点，这是因为性的解放就意味着对情感健康和政治解放的双重陈述。亲密关系中的新文化模式是显而易见的。例如，在一种聚焦于亲密关系的解体的新型电影模式中，在这类电影的结尾，女性通常会找到她们各自的"自由"和性向（伍迪·艾伦[ii]凭借《安妮·霍尔》《另一个女人》《曼哈顿》《爱丽丝》等丰富了这一电影类型）。[78]

为了阐明新型的亲密模式是什么，让我们以马斯特斯和约翰逊于1974年出版的《快乐纽带》(*The Pleasure Bond*)为例。这本书回顾了他们早期关于男女性行为的研究发现，并赋予了其更为

---

i 金赛性学报告（The Kinsey reports），主要是指由美国学者阿尔弗莱德·金赛、保罗·格布哈特以及华地·帕姆罗伊等所写的关于人类性行为研究的两本书：《男性性行为》和《女性性行为》，分别于1948年和1953年出版，由于探讨以往视为禁忌的话题而引起了轰动，并引发了大量的学术争论。

ii 伍迪·艾伦（Woody Allen, 1935— ），美国电影导演、编剧、作家和音乐家，已执导40多部影片，代表性电影除文中提及的，还有《午夜巴黎》《纽约的一个雨天》等。

广泛的影响。[79] 马斯特斯和约翰逊认为，走向亲密关系的第一步，是要意识到自身的感受和想法，以及：

> 一旦你意识到自身的想法和感受，就要让你的伴侣也一并知道它们。如果你感到害怕，就要说出来。或许，你们可以一起找出你所恐惧的事物，以及你为什么会感到害怕。也许，你的伴侣还可以帮你找到逐渐克服恐惧的各类方法。接着，要是你顺着此方法继续前行，你就会按照你的感受来行事，而不是对它们不闻不问。[80]

在马斯特斯和约翰逊关于亲密关系概念的研究中，他们对"真实自我"的现代概念所作的阐释，与19世纪对这一概念的理解存在着重要的差异。对于维多利亚时代的人来说，寻找和表达真实的自我还没有成为一个特殊的问题——真实的自我，它一直就在那里，只不过它会将自己托付给一个值得信赖的人，向其揭示自我、袒露心声。[81] 然而，在如今新的心理学想象中，真实的自我就算对它的承载者自身而言，也变得模糊不清了。于是，它现在成了一个亟待解决的特殊问题。它需要人们去克服多种情绪——恐惧、羞耻或内疚，而这些情绪通常是当事人所不自知的。此外，它也要求人们使用一种新的语言技巧。但表达和"挖掘"（digging out）这些情绪的根本理由都在于，亲密关系应该是平等的。亲密关系的体验既是心理事件又是政治事件，其原因在于，它默认伴侣之间应该以平等的方式来相处。亲密关系中的平等思想，在以下两个方面最为突出。一方面，现代社会呼吁男性更加切身地关注他们自身的内在自我与感受，这使他们与女性的体验相似。例如，1974年，沃伦·法雷尔[i]在其出版的《获得解放的男性》(*Liberated Man*)一书中，就谴责了基于传统男性价值观的制度造成的恶劣影响。法雷尔使用了一种彻头彻尾的疗愈性语言，认为传统的价值观禁止男性哭泣或者暴露他们的一些情感，此外，男性还不能表露出"脆弱、有同理心和怀疑多虑"等感受。[82] 由此，法雷尔希望男性能培育内省思维，时刻感知真实的自我，并学会自洽地表达自我的各个方面。

另一方面，新的平等标准会影响亲密关系的内涵，这体现在关于女性性行为的新阐释中。尽管马斯特斯和约翰逊都未曾自称女权主义者，但他们诠释性行为时借用了关于解放和平等的语言，而这些都是女权主义运动的标志。例如："大多数男女必须知道的是，最和谐有效的性爱，不是男人施加给女人的，或是为女人所做的，而是作为**平等**个体的男女共同来达成的。除非男女都意识到这一点，否则他们双方都无法获得想要的性满足。"[83]

因此，性满足取决于两性是否拥有公平和平等的关系。这表明，疗愈性亲密行为利用了权利的语言，它将性满足视为对伴侣彼此间权利的肯定。最终，这种性满足的理想目标就模糊了性别之间

---

[i] 沃伦·法雷尔（Warren Farrell, 1943— ），美国政治学家、社会活动家，著作主要探讨两性议题，倡导男性的权利。

的差异。"[弗吉尼亚·约翰逊:]我了解,指出男女之间的差异,这很简单也很流行,但我想告诉你们的是,从我们研究工作的起步阶段算起,给我们留下最深印象的,其实并非两性之间的差异,而是其相似之处。"[84] 通过树立亲密关系的理想目标,女性不仅要求获得平等,还要求自身与男性的相似之处得到认可。

亲密关系的文化模式包含了两大文化信仰(心理学和自由女权主义)的关键动机和象征,它们帮助塑造了20世纪的女性的自我:平等、公平、不偏不倚的程序、情感交流、性、克服和表达隐藏的情感,以及用语言来进行自我表达的重要性。以上这些都是现代亲密关系理想的核心要素。如果说疗愈性语言在公司中已经开启了重新调整男性气质的进程,即认为男性气质中也有关于自我的女性化概念,那么,在家庭内部,它则鼓励女性去获得(男性式的)自主和自我掌控的主体地位。如果说心理学家在公司中将生产力视为一种情感事务,那么,在亲密关系中,他们则将快乐和性视为实施程序公平的前提,这也是对女性基本权利的肯定和保护。更确切地说,心理学家力图通过"情感健康"或"健康关系"等概念,将亲密关系从权力和不对等的长期阴影中解放出来。这样,亲密关系——或者一般来说健康的关系——就被"公平交换"的问题困扰,也被如何协调自发的情感与自我的工具性声张的问题困扰。

到目前为止,此类分析似乎与安东尼·吉登斯[i]等人对亲密

---

[i] 安东尼·吉登斯(Anthony Giddens,1938—),英国社会学家、社会理论家。

关系的研究分析相一致，他们都在亲密关系中发现了平等和解放的诉求。[85] 然而，从很多方面来看，吉登斯的分析也只是与宣扬亲密关系中平等性的心理学观念有所共鸣，而没能质疑它声称要去描述的亲密关系的转变。我基本赞同的韦伯传统告诉我们，我们不应将实现自由或平等作为评估社会变革的最终标尺，而应该详细地探究平等或自由的新规范是如何改变亲密关系的"情感结构"的。事实上，我现在认为，心理治疗和女权主义的交织催生了亲密关系理性化的广泛进程。女权主义和心理治疗为改变自我提供了大量心理的、生理的和情感的策略，它们对心理的重新编码会促发私人领域内女性行为的"理性化"。

我将以最简明的方式——举两个例子——来阐释我的观点。这也是自20世纪80年代以来关于亲密关系的指导手册中的两个典型案例。《红皮书》[i]杂志上曾发表过一篇文章，主要讨论的是贝塞尔（Bessell）博士（一位心理学家）的一本著作，文章作者还提供了一份由贝塞尔博士开发的调查问卷，用来"评估伴侣之间的匹配度，以及他们的婚姻浪漫程度。这份'浪漫吸引力问卷'，或简称为RAQ问卷，被贝塞尔用来预测情侣间的匹配程度。RAQ问卷由60条陈述组成……理想的RAQ问卷得分在220到300分之间，这个分值意味着两人有相当高的浪漫吸引力水平，足以维持一段浪漫关系"。[86]

第二个案例如下所示：

---

i 《红皮书》(Redbook)，创刊于1903年的美国女性杂志，于2019年停刊。

但是，如果弗兰基不告诉希拉他想要的是什么，那希拉又怎么能满足他的愿望呢？你和你的伴侣必须具备这种能力，即准确地告诉对方自己想要以何种方式被爱。下面所列的一些练习，将会帮助你更好地做到这一点。

1. 拿出一张白纸，尽可能多地以不同方式完成下列每个未完成的句子。尽量使你的回答详细、具体而明确。

◇ 列出你的伴侣目前正在做的、让你感到被关心和被爱护的事情。你可以这样说："当你……的时候，我感到被关心和爱护。"

◇ 回想一下你和伴侣第一次约会时的场景。什么事情是"你的伴侣那时说过或做过，而他/她现在没有说也没有做的呢"？你可以这样说："当你……的时候，我感受到了关心和爱护。"

◇ 现在，想想那些你一直想让你的伴侣去做却不敢提出来的事情。你可以这样说："如果你愿意……，那么，我会感到被关心和爱护。"

2. 浏览一下你所列的答案，并按照它们对你的重要性进行编号排序。

3. 将你的答案读给你的伴侣听。在那些你的伴侣认为他/她现在无法为你做到的事情旁边打上一个叉号（×）。

4. 现在，倾听你的伴侣读给你听的他/她所列的清单，并标出你目前无法满足伴侣的那些需求。

5. 交换你们各自的清单。从你的伴侣的清单中，选出三个你能在接下来的三天内满足他/她的愿望。

好好保留你的伴侣所列的清单,并答应他/她,每周都会满足他/她三个新的愿望。努力培养这种能力,给予你的伴侣一些最初你不愿意给予的东西。对方的愿望越是难以实现,一旦你成功做到了,你就会感觉越棒。事实上,许多对情侣都在做过这项练习后表示,他们当初认为伴侣所列的最难满足的愿望,最终成了他们最乐意为对方去做的事情。[87]

为了认真对待以上这些练习,我们不需要假设或猜测它们已被自助文学(self-help literature)的读者大量使用了。然而,要是它们真的很重要,那是因为它们指出了亲密关系中自我行为方式发生的重要的文化转变。事实上,它们指明了亲密关系中的理性化进程。关于这一点,我认为,它一方面是婚姻中平等主义规范兴起的结果(女权主义的信念是这种规范的主要倡导者),另一方面,这也要归功于心理学方法和词汇在理解亲密关系中所发挥的重要作用。

理性化进程包括以下五个要素:[88] 详细谋划使用的方法;使用更有效的方法;在理性的基础上进行选择(基于知识和教育);使用一般性的价值原则来指导个人生活;最后,以一种理性的、有条不紊的生活方式来统一前四个要素。然而,理性化进程还有一种重要意义:它是正式的知识体系的扩展,反过来又会导致日常生活的"智性化"(intellectualization)。

上述练习的惊人之处在于，它们要求并暗示了对个性的价值理性化（Wertrationalitat）。价值理性化指的是阐明一个人的价值观和信仰的过程，它也是使我们的目标符合既定价值观的过程。例如，我想要的是什么？我的喜好和个性是什么样的？我是喜欢冒险还是需要安全感？我需要找个养家糊口的人，还是可以与我讨论当今政治风云的人？如果说这些问题充斥在指导手册中，那是因为女权主义和心理治疗都要求女性去阐明她们的价值观和偏好，从而去建立与这些价值观一致并匹配的关系。所有这些，都是为了建立一个独立自主和自力更生的自我。而这一过程，只有在女性做到以下几点时才会完成：谨慎并客观地审视自身，控制自己的情绪，评估各项选择并采取自己所青睐的行动方案。

此外，韦伯认为，理性化的一大特点是深谙盘算之道、懂得深谋远虑。正如上面的一些例子所表明的，亲密的生活和情感正在变成可以衡量和计算的客观对象，它们可以用一些量化的陈述来获取。比如，在"当你似乎对其他女人更感兴趣时，我变得焦虑"这句陈述中，得10分和得2分的意义迥然不同。这可能表明，人的自我理解各不相同，因而也会各自采取相应的纠正策略。这种类型的心理测试使用了一套专属于现代的文化认知，社会学家温蒂·埃斯皮兰（Wendy Espeland）和米切尔·史蒂芬斯（Mitchell Stevens）将其称为"通约"（commensuration）。他们是这样来定义它的："通约，就是使用分值来创建事物之间的关系。通约会将事物之间的定性区别转化成定量区别，在其中，根据一些共同的度量标准，差异就被精确地表述为分值上的大小。"[89]

在心理学和女权主义的保护伞下，亲密关系正日益成为可以根据某些计量指标来评估和量化的东西（这里顺便说一下，这些指标也会随着现有的心理学家和心理学学派之间的巨大差异而发生变化）。

在这两个例子中，最引人瞩目的是文本性（textuality）与情感体验的交织。用研究中世纪的学者布莱恩·斯托克（Brian Stock）的话来说，文本性已经成为情感体验的一个重要方面。[90] 当你"写下"某种情感时，你便将其"锁定"在了特定的空间，也就是说，它在情感体验与人对这种情感的意识之间创造了一种距离。读写能力是将口语转化为一种媒介上的书写，如果这种媒介转化使人们能够"看得见"语言（而不是听得到它），并将其从说话的情境中抽离，那么类似地，以上这些练习会鼓励女性在与最初发生的情境相脱离时，继续审视并讨论她们的情感。为情感命名以便更好地管理情感是一种自反性行为，它赋予了情感一种本体论的意义。这似乎将它们锚定在现实中，以及固定在情感承载者的深层自我之中。我们也许可以断言，这一事实与情感的易变性、短暂性与情境性是背道而驰的。

的确，读写能力使言说与思想脱离了原初语境，并将产生言说（speech）的规则从说话（speaking）行为中分离出来[91]（这种将言说与说话分离的范例是语法）。当情感被锁定在这种能力中时，它就变成了有待观察和操纵的研究对象。情感的读写能力使人们能够从经验的快速流转和非自反性的本质中抽离出来，并将情感经验转化为情感文字，进而使其成为一系列可待观察和掌控的实体。关于印刷术对西方思想产生的影响,瓦尔特·翁[i]曾写道,读写能力的意识形态产生了"纯文本"的概念,即认为文本自身具有本体论的观念。这就是说,文本的意义可以脱离其作者和语境而存在。以此类推,将情感写入书面语言中,就产生了"纯粹情感"的概念:情感是具体的离散性的实体存在,它们以某种方式被锁定在自我之中。它们也可以被转化为文本,作为固定的实体而被人理解,并与自我分离,被观察、操纵和掌控。

情感的控制、个人价值与目标的明确、计算技能的运用,以及情感的去情境化和客观化,都需要亲密关系中的人有智性化能力,这是为了达成更高的道德目标:将自己的需求、情感和目标通过言语表达出来,不断与亲密对象沟通,从而实现平等和公平的交换。就像在企业中一样,沟通在这里既是一种描述关系的模式,也是一种可以形塑并规定关系的模式。性生活不和谐、愤怒、金钱纠纷、家务分配不均、性格不合、隐藏的情绪、童年往事……所有这些都应该被理解、被言语表达、被讨论和沟通,从而根据沟通模式得到解决。正如《红皮书》上的一篇文章所言:"沟通是建立任何人际关系的生命线,任何恋爱关系,要想蓬勃健康地发展,沟通都必不可少。"[92]

关于沟通技巧的讲习班或指南手册提供了大量诸如此类的"练习",旨在明确已婚人士内心所隐藏的需求和期望,了解他们

---

[i] 瓦尔特·翁(Walter Ong, 1912—2003),美国耶稣会牧师、英语文学教授、文化与宗教史学家,曾担任美国现代语言学会的主席。

的言说模式,以及了解这些模式又是如何反过来引发误解并导致关系疏离。这类练习还教会人们掌握倾听的艺术和科学,也许最为重要的是,学会使用中性的言语模式(以便抵消负面的情绪)。变得愈加明显的是,这些用来改善婚姻的沟通技巧,无论从情感上还是从语言学的角度来说,其目的都是使沟通语言变成一种中性的语言。

在面对那些生平背景和个性存在巨大差异的配偶时,心理治疗理论指出,在婚姻中,人们可以达成一个客观意义上的中性立场。这种中性立场既是指情感上的,也是指语言表达上的。例如:

> 这种技巧[被作者戏称为维苏威火山[i]]可以帮助你确定你的怒火何时已接近那种火山将要爆发的临界点,进而对其采取一种仪式化的程序,以便使你的重点放在将愤怒从你的身体系统中释放出来。你的伴侣只需要在一旁做个恭敬的见证者,看着你发泄怒火,就好像这是一种再自然不过的现象,而他/她并非参与者,与你的愤怒无关……你如果想稍稍控制一下怒气,可以这样说:"我真的快要气炸了。你能认真听我说两分钟吗?"不管你的伴侣同意聆听多长时间,都是没有问题的,但不管对于倾诉者还是倾听者来说,两

---

[i] 维苏威火山(Vesuvius),欧洲著名的活火山,海拔1281米,位于意大利南部那不勒斯湾的东海岸,其公元79年的一次大喷发直接摧毁了当时拥有2万多人的庞贝城,最近一次喷发时间为1944年3月。

分钟都已经是相当漫长的时间了。如果你的伴侣愿意倾听两分钟，那么，他/她所需要做的，就是带着敬畏之心去聆听——就像在观赏真正的火山爆发时那样——并且会在计时结束时通知你："喂，两分钟到了。"[93]

这种技巧教导我们，人人都可以抑制负面的情绪，并将它们变成外化于自身的客观对象，这样我们就可以学会从外部来审视它们。这种通过使用中性的表达和言语程序来管理情绪的做法，是一切沟通和心理治疗的精神内核。关于这一点，我将在下一个例子中再说明。

还有一种叫作"共享意义的技巧［一种旨在改善亲密关系的技巧］，在沟通中，它使你能够与伴侣分享你听出来的话语意思，并去验证你听出来的意思是否就是伴侣所要表达的。通常情况下，事实并非如此"。[94]自后结构主义（post-structuralism）流行以来，我们就被告知，意义是出乎意料的、不确定的、富于情感变化的。与此相反，关于沟通的心理治疗技巧则认为，模糊性是亲密关系的大敌，这就要求我们清除日常语言中那些不清晰和矛盾的陈述，剔除其可能附有的负面情绪变体，尽量使我们的交流语言只具有其本身所指的含义。这反过来又说明了一个有点矛盾的观察结果：心理治疗理论提供了多种技巧，使人们能够意识到自身的需求和情感，但它也使这些情感成为外化于主体的对象，供人们观察和控制。因此，交流情感的语言既是中性的又是高度主观的。说它是中性的，是因为人们理应去注意句子中客观所指的

051

内容，并努力消除可能潜伏在这一过程中的主观情感和误解；说它是主观的，则是因为提出一个正当请求，或体验到某种需要或情感，最终总是基于个人的主观需求和感受。而要"验证"和识别出这些感受，其实不需要什么更好的合理解释，主体切身感受到了便可。"认可"他人，恰恰意味着不去为了个人感受而争论或辩驳。

简而言之，我认为，从表面上来看，混乱只是亲密关系的一种组织原则。[95] 与此相反，因为女权主义和心理治疗是两种主要的文化形式，它们都声称要将中产阶级女性从传统的家庭模式束缚中解放出来，所以在亲密关系理性化的过程中，二者都有所贡献。也就是说，它们都将亲密关系置于一系列客观中性的审查和论证的程序当中，这就要求人们能够常常展开自我反省，进行沟通协商。这种情感纽带的理性化催生了一种"情感本体论"，即情感可以从感受主体中分离出来，以便人们去控制和阐明。这种情感本体论使得亲密关系越来越"通约"，易于去人格化（depersonalization），或者说，亲密关系可能会被剥夺其存在的特殊性，被按照一系列抽象的标准来评估。这反过来说明，亲密关系已经转化成可用来相互比较的认知对象，也便于人们运用成本—收益分析法来计算亲密关系中的得失。"当我们使用通约原则来帮自己选择伴侣时，价值便取决于我们在决策不同要素时所做的权衡。"[96] 事实上，这种通约的过程更有可能使亲密关系沦为一种可替代物（fungibles）。换言之，它会使亲密关系沦为人们可以拿来买卖和交换的物品。

本章小结

我想，从上述广泛而粗略的理论框架中，我们可以得出很多结论。我的第一个观察结论便是，心理治疗、经济生产率和女权主义这三种文化理论相互交织、重叠在一起，它们为情感文化提供了基本原理、方法和道德推动力，从而可以将情感从内心生活的领域中提取出来，将其置于自我与社交的中心位置。这种情感的文化模式（即沟通模式）业已盛行。在"沟通"心理模式的保护伞下，情感已经成为一种客体对象，不管是在公司还是家庭生活中，情感都可供人们思考、表达、探讨、争论、协商以及辩护。尽管有些人认为，电视和广播是造成公共领域内情感化（sentimentalization）的主要原因，但我认为，其实是心理治疗——以及经济责任和女权主义话语——将情感投入微观的公共领域，即处于公众密切关注下的行动领域，使其受到言说程序以及平等和公平原则的约束。

我的第二个观察结论是，在整个 20 世纪，男性和女性的情感越来越具有双性化（androgynization）特质。这是由于资本主义挖掘和调动了服务行业工人的情感资源，而随着资本主义进入劳动力市场，女权主义也呼吁女性变得独立自主、自力更生，并要充分意识到女性自身在私人领域内的权利。因此，如果说生产领域将情感置于社交模式的中心，那么，亲密关系则越来越多地将一种讨价还价和交换的政治与经济模式置于其中心。

前述章节里我所进行的全部探讨之所以成为可能，是因为心理知识、女权主义和工作场所民主化的解放性结构产生了综合性的影响。于是，情感生活被纳入了一种"认可"的动态范围内。正如阿克塞尔·霍耐特所指出的那样，这种"认可"始终处于特定的历史背景中，即它被权利的状态和语言形塑。换句话说，人们可以认为，普遍存在于工作场所和婚姻关系中的沟通模式，既包含也执行着一个新要求：人需要被他人认可，同时也要认可他人。[97] 若正如哈贝马斯所言，"沟通行为……取决于以相互理解为导向的语言的运用"，[98] 那么我们就很容易理解，为什么能抑制负面情绪以及拥有同理心和自信，会被人们视为获得认可的情感性先决条件。但我其实不太确定真实情况是否如此。所以，我也乐意在此与读者坦诚地分享我的犹疑。遍及工作领域和亲密关系领域的"沟通"模式充满了矛盾性，因为，如果它包含一种与他人进行对话的方法，那它也包含了一种政治权利及经济效率的话语，而它们往往与人际情感关系领域并不那么容易兼容。关于这一点，还需多做一些解释。情感，从其本质上来讲，具有情境性和导向性；它们指向了自我在特定的人际关系中的根本立场，从这个角度来说，它们就像是某种简略的速记，帮助自我理解其在特定情境下如何被定位以及定位在何处。通过运用关于特定对象的抽象和具体的文化知识，情感引导着行动，使我们更为快捷地评估该对象，并对其采取相应的行动（关于这一主题，我将在第三章进行更为充分的分析和说明）。与此相反，不管是价值理性、认知理性、工具理性，还是在所谓"通约"的过程中，人们都需要完美地执行这种沟通模式，这样它才能形成一种认知风格。这种认知风格清空了亲密关系的特殊性，并将其转化成了客体对象，而这些客体对象通过公平、平等和需求被满足的标准被评估，便更有可能沦为被交易的商品。[99]

上述我所描绘的进程主要涉及两个方面，一方面是带有强烈主观性的生活，另一方面是日益客观化的表达和交流情感的手段，两者之间形成了新的尖锐的矛盾。疗愈性的沟通给人们的情感生活注入了一种程序性的特质，使得情感失去了其导向性，失去了在日常关系网中以非自我的反思方式（unself-reflectively）快速指引我们的能力。灌输一整套程序来管理情感，并以适当和标准的言语模式来表达情感，这也就意味着情感越来越脱离具体的、特定的行为和交往关系。矛盾的是，"沟通"的前提是要**在某种社会关系中悬置个人的情感纠葛**。沟通意味着脱离自我在具体和特定关系中的立场，进而采取一种抽象言说者的视角。这里所强调的便是我们的自主性或理解力。归根结底，沟通意味着悬置或者说重新归类那种将我们与他人联结在一起的情感黏合剂。但与此同时，这些中立和理性的言语程序常常伴有一种强烈的主观色彩，它使人们易于将自己的情感合理化。因为情感的承载者一般会认为，他们才是自己内心感受的最终仲裁者。例如，人们说"我觉得……"，这不仅意味着此人有这么觉得的权利，还意味着此类权利使他仅仅凭借某种感受就能被接受和认可。要是一个人说"我感到受伤"，这几乎不太需要去讨论，因为它实际上是要求他人立即认识到这种伤害。因此，沟通模式将交往关系拉向了相反的两极：一方面，它使人际关系受制于一套言说规则，旨在中和人们心中的内疚、愤怒、怨恨、羞耻或沮丧等情绪动力；另一方面，它强化了主观主义和情感主义倾向，使我们相信，我们的情感通过表达本身便具备了自身正当的合理性。我不确定这是否有助于增进人际关系中的认可度，因为正如朱迪斯·巴特勒[i]所言："认可始于这样一种洞见，即个人迷失在他者之中，人们会被一种既是自己又陌异于自己的'他性'（alterity）征用……"[100]

当代的沟通理想已经彻底浸润和渗透到我们的社会关系模式中。可以说，它是人类学家迈克尔·西尔弗斯坦[ii]所称的那种"语言意识形态"。语言意识形态指的是，某个群体所持有的一系列"不言自明的观念和目标，它们往往关注语言在群体成员的社交经验中所起的作用，因为成员的语言表述也会有助于表达该群体的利益"。[101]因此，现代性的语言意识形态可能就在于这种特殊的信念：语言可以帮助我们理解和管控我们的人际交往与情感环境，而这反过来又会转变我们对自身的身份定位。关于这一点，我将在下一章中进行探讨。

---

i 朱迪斯·巴特勒（Judith Butler，1956— ），美国后结构主义学者，研究领域有女性主义现象学、酷儿理论、政治哲学及伦理学，加州大学伯克利分校比较文学系教授，其代表著作有《性别麻烦》《身体之重》等。

ii 迈克尔·西尔弗斯坦（Michael Silverstein，1945—2020），美国语言学家、人类学家，芝加哥大学杰出教授，曾获麦克阿瑟奖及古根海姆奖。

第二章

痛苦、情感场域与情感资本

导语

1859年，塞缪尔·斯迈尔斯[i]出版了《自助》(Self-Help)。在书中，他记叙了一系列男性人物的生平，他们白手起家，终至名利双收（自助一词带有男性气质，在成功学和自立这类叙事中，女性人物的故事乏善可陈，甚至是缺席的）。《自助》这本书非常受欢迎，它为维多利亚时代的个人责任观提供了强有力的明证。凭借19世纪对进步的信念所特有的乐观主义和道德自愿主义，斯迈尔斯唤起了"个体在精力充沛的行动中的自助精神"。[1]他写道，他们的生活激发了高尚的思考，也给我们做了很好的榜样，他们工作果断、正直不屈，而且"具有真正的高尚品格和男子气概"。斯迈尔斯继续写道，自助的力量就是每个人成就自身的力量。因此，自助的理想势必带有民主色彩，它使"那些最卑微的人也能通过努力获得体面的技能和良好的声誉"。[2]

大约六十年之后，在人们经历第一次世界大战带来的创伤之后，弗洛伊德对他的精神分析同行发表了下列讲话，并就精神分析将要面临的任务描绘了一个宏大但悲观的愿景：

> 世界上存在大量的神经性苦痛，也许它们本不该如此之

---

[i] 塞缪尔·斯迈尔斯（Samuel Smiles，1812—1904），英国作家、社会改革家，他的作品主要有《自助》(有中译本译为"自己拯救自己"）、《品格的力量》等。

多，与这些痛苦相比，我们可以消除的痛苦的数量几乎可以忽略不计。除此之外，我们生存所需的必需品将精神分析师的工作范围局限在了富裕阶层之中……我们根本不关心更为广泛的其他社会阶层，而事实上，正是他们在饱受着神经官能症的极度苦痛。

尽管弗洛伊德呼吁，要使精神分析变得民主化，但他对穷人是否有摆脱神经病症的意愿始终抱持着怀疑态度，"……因为，如果他们康复了，那么等待他们的还是艰苦的生活，这对他们并没有什么好处，而疾病，却可以使他们再一次获得社会救助"。[3] 斯迈尔斯认为，头脑简单的人和穷人，也可以通过冷静、忍耐和旺盛的精力来超越日常生活的平凡考验。与此相反，弗洛伊德却为我们提供了另一种可能令人不安的解释，即不管是精神分析师还是穷人自身，也许都无法治愈"那些大量存在的神经病症的苦痛"，这是因为，弗洛伊德进一步解释道，劳动者的社会条件本就如此糟糕，即使他们能从神经病症中康复，其结果也只会进一步加剧他们的痛苦。这与斯迈尔斯所宣扬的自助精神背道而驰，后者认为，道德力量可以改善一个人的社会地位和社会命运。与之相比，弗洛伊德的心理学和社会学观点则比较悲观，他认为，个人的自助能力取决于他的社会阶层，并且像心理发展中的其他方面一样，这种自助能力也可能会受到损害，而一旦受损，它便无法仅仅通过个人的精神意志来使其恢复。在这里，弗洛伊德提出了一个敏锐的社会学和心理学主张：要想获得康复，就必须将其转化为某种社会福利。这不仅表明精神疾病、康复与人的社会经济地位之间有着密切关系，也暗示了精神的痛苦有其可利用的价值。

在19世纪末和20世纪初，斯迈尔斯和弗洛伊德二人分别站在了关于自我的道德话语的对立两极上：斯迈尔斯的自助精神使人们能够获得流动性和进入市场，这仰仗于人们行使其美德，且主要是通过综合运用意志和道德中柱的共同作用来实现的。相比之下，在弗洛伊德的整体理论框架中，并没有自助和美德的一席之地。这是因为，位居弗洛伊德观点核心的家庭叙事不是线性的，用埃里希·奥尔巴赫[i]的话来说，它是喻象式的（figurative）。喻象式与水平走向的线性正好相反，它"将两个在因果和时间上彼此远离的事件串联起来，并赋予它们一个共同的意义"。[4]自助精神会默认生活是一系列累积的成就，就像在沿着水平时间线逐渐展开一样；弗洛伊德关于自我的观点则假设，人在童年和随后的心理发展过程中都有很多关键性事件，人们必须在这两个时期的关键性事件中标记出许多隐形的垂直线，因为，人们的生活并不是线性的，而是周期性的。此外，对于弗洛伊德来说，心灵的新目标是健康，而非成功。这种健康并不取决于人的纯粹意志，因为可以这么说，治愈是发生在患者的我思（cogito）和意志背后的。只有情感转移、抵抗、理想工作、自由联想——而非"行使意志"（volition）和"自我控制"——才能促成心理上以及最终在

---

i 埃里希·奥尔巴赫（Erich Auerbach, 1892—1957），德国犹太裔语文学家、比较文学评论家，其代表著作有《摹仿论：西方文学中所描绘的现实》。

社会交往上的真正转变。最后，弗洛伊德还告诉我们，精神的康复不可能是民主式的，也不可能在整个社会阶层结构中均匀地分布。事实上，弗洛伊德认为，心理治疗与社会特权之间有着隐性的联系。

然而，如果对当代美国文化进行一番浏览，我们可能会在其中看到这种事态的几个讽刺性倒置：在席卷美国社会的自助文化中，斯迈尔斯那种完善自我的精神和从弗洛伊德处汲取的灵感概念，现在已经交织在一起，几乎很难对二者进行区分。此外，正是由于自助精神与心理学之间的这种联合，精神痛苦——出现在自我受到伤害的叙事中——现在已经成为一种身份特征，为一般体力劳动者和富有阶层的人所共享。不被重视的童年，有过度保护欲的父母，隐性的低自尊，对工作、性、食物、愤怒、恐惧和焦虑的不自主的强迫，都是"民主"的弊病，因为它们不再有明确定义的阶级成员身份。在精神痛苦普遍民主化的过程中，使人康复就奇怪地变成了一个利润丰厚的、蓬勃发展的产业。

我们该如何解释这种身份叙事的出现呢？尤其是，这种叙事现在比以往任何时候都更能提升自助精神，但相当矛盾的是，它也是一种痛苦叙事。情感痛苦和社会阶层之间有什么样的联系呢？我们又该如何看待情感生活、阶级不平等和阶级再造之间的关系？这些都是不易解答的宽泛问题。在本章的框架内，我大概不能指望自己给出完美的答案；在此，针对这些宽泛的问题，我将只是简单描绘出一些大致的思路。

自我实现的叙事

在美国的社会语境下，心理治疗可以成为一种自我叙事，尤其是当它重新利用并融合进一种主要的——如果不是最主要的话——身份叙事，也即自助叙事。如果有过多因素介入，心理治疗可能就会成为老式自助叙事的一种变体。首先，心理学理论的内部也在发生着变化，它越来越远离弗洛伊德式的心理决定论，并对自我发展提出了更加乐观和开放的观点。例如，海因茨·哈特曼[i]、恩斯特·克里斯[ii]、鲁道夫·洛文-斯坦[iii]、阿尔弗雷德·阿德勒[iv]、埃里希·弗洛姆[v]、卡伦·霍妮[vi]和阿尔伯特·埃利斯[vii]等心理学

---

i 海因茨·哈特曼（Heinz Hartmann, 1894—1970），生于奥地利维也纳，"二战"后移民美国，精神科医师、心理分析家，自我心理学的创始人之一。
ii 恩斯特·克里斯（Ernst Kris, 1900—1957），生于奥地利维也纳，"二战"后移民美国，心理分析家、艺术史家。
iii 鲁道夫·洛文-斯坦（Rudolph Loewen-stein, 1898—1976），美国心理分析家。
iv 阿尔弗雷德·阿德勒（Alfred Adler, 1870—1937），生于奥地利犹太家庭，精神病学家，个体心理学学派的创始人，常与弗洛伊德和荣格一起被人称为西方三大心理学家。
v 埃里希·弗洛姆（Erich Fromm, 1900—1980），美籍德国犹太裔精神分析心理学家、人本主义哲学家，被尊为精神分析社会学奠基者之一，著作有《爱的艺术》《倾听的艺术》《论不服从》等。
vi 卡伦·霍妮（Karen Horney, 1885—1952），德裔美国心理学家、精神病学家，新弗洛伊德学派的代表人物。
vii 阿尔伯特·埃利斯（Albert Ellis, 1913—2007），美国临床心理学家，发展了理性情绪行为疗法，也是美国性解放运动的先驱，被誉为认知-行为疗法的始祖。

家，虽然他们各自所持观点不同，但他们都拒斥了弗洛伊德的心理决定论，对自我也持有更为灵活和开放的观念。因而，这为心理学与（典型美国式的）道德观——人可以且应该掌握自己的命运——之间更加兼容开辟了新的可能。特别值得一提的是，它与19世纪盛行的心灵治愈运动（mind cure movement）产生了共鸣，该运动认为，心灵可以治愈生理上的疾病。

1939年，口袋书店（Pocket Books）发起了"平装书革命"，这使得消费者能够轻松买得起书。得益于此，这种新型的心理叙事才得到广泛地传播。这类叙事认为，人的自我可以改变，人有塑造其自我的可能。因为平装书革命的影响，流行心理学可以面向并影响到越来越多的中等和中下阶层。事实上，这样的平装书籍随处可见，遍布在便利店、火车站和药店里。这也就更加壮大了已经在蓬勃发展的自助行业。

心理学家的权威性影响变得日益广泛，因此到了20世纪60年代后期，那些本可能会反对个人主义或自我心理概念的政治意识形态慢慢式微。正如社会学家史蒂文·布林特[i]所说："专业性的权力是影响最为广泛的……尤其是当专家在不受挑战的去政治化的环境中工作时……当专家在不存在强烈的反意识形态（counterideology）的情况下维护核心文化价值时，其专业影响力便是广泛的。"[5] 更准确地说，如果说20世纪60年代传达了某种

---

[i] 史蒂文·布林特（Steven Brint，1951— ），加州大学河滨分校社会学系教授，著有《学校与社会》等。

政治气息，那么，性、自我发展和个人生活肯定占据了其中的中心地位。消费市场逐渐成熟和扩大，并与20世纪60年代的"性革命"（sexual revolution）相结合，这有助于提升心理学家的知名度和权威性。因为，这两种文化和意识形态的劝服话语——消费主义与性解放——具有一个共同点，即它们把自我、性和个人生活都变成了建立和表达身份的关键领域。在这种社会背景下，心理学家很容易且很自然地就被吸引到主要涉及性和两性关系的新的政治话语中。性自由和自我实现的主张与政治话语密切相关，它们扩大了权利的适用范围，也扩大了享有这些权利的群体范围。人文主义运动特别明显地体现在亚伯拉罕·马斯洛[i]和卡尔·罗杰斯[ii]等人身上，它将有助于心理学在流行文化中取得巨大进展，并且会极大地改变人们对自我的认知概念。

卡尔·罗杰斯认为，人在本质上是善的或健康的。心理健康是生活的正常状态，而精神疾病、犯罪和其他人类问题，则是对这种趋向健康的自然本能的扭曲反映。此外，罗杰斯的整个理论都建立在一个非常简单的概念上，也即，人有自我实现的倾向。他将其定义为存在于每一种生命体中的内在驱动力，可以让人最

---

[i] 亚伯拉罕·马斯洛（Abraham Maslow，1908—1970），美国心理学家，以其提出的需求层次理论而闻名，该理论将自我实现的需求置于人之需求金字塔的顶端，后四项依次是尊重的需求、爱与归属的需求、安全需求、生理需求。代表著作有《人性能达到的境界》《动机与人格》等。

[ii] 卡尔·罗杰斯（Carl Rogers，1902—1987），美国心理学家、人本主义心理学的创始人，强调人具备自我调整以恢复心理健康的能力，著有《当事人中心治疗》《论人的成长》等。

大限度地开发其潜能。1954年，在欧柏林学院[i]的一次演讲中，卡尔·罗杰斯指出：

> 无论人们把它称为成长倾向、自我实现的驱动力，还是向前发展的指示性趋势，它都是生命的主要源泉。归根结底，它是所有心理治疗都依赖的一种倾向。这是所有有机生命和人类生活中都显而易见的一种冲动，它扩张、延伸、变得自主、发展和成熟。它是一种表达和激活出自我所有潜能的倾向……[这种倾向]只需等待适当的时机被释放和表达。[6]

对罗杰斯来说，自我发展是一种普遍性趋势，它从来没有真正消失过，只是被暂时地藏匿起来了。根据罗杰斯的观点，维持这种发展驱动力的基础，是要"对自己有基本的、无条件的正向关注。任何'价值的附加条件'——例如，要是我能取悦父亲，那我就是有价值的，或者，如果我能取得好成绩，我就有价值——都限制了自我的实现"。这也就意味着，人们有义务为势不可挡的自我实现而奋斗。

然而，在美国文化中，最为成功地传播了以上这些和其他类似思想的人是亚伯拉罕·马斯洛。马斯洛认为，人有自我实现的需求。根据这一观点，他提出了自己的假设：对成功的恐惧会阻

---

[i] 欧柏林学院（Oberlin College），建立于1833年，是俄亥俄州的一所私立文理学院。

碍人们追求伟大和自我实现。这一理论在美国文化中取得了巨大的反响与成功，结果是划分出了一个新的人类群体：那些不符合自我实现的心理学目标的人，现在都成了病人。"我们唤作'病人'的那些人，表现得不像他们平时的自己，他们会通过建立各种神经质的防御机制来抵抗自己变成正常人。"[7]或者，正如马斯洛所说："创造力的概念与健康、自我实现、完全发展的人的概念，似乎越来越紧密地联系在一起，也许它们已被证明本就是一回事。"[8]

这种人类发展的观点之所以能渗透并转变关于自我的文化观念，是因为它们与自由主义的观点一致，视自我发展为一项个人权利。这又反过来帮助心理学家极大地拓宽了他们的专业行动领域：心理学家可以从严重的心理障碍转向更为广泛的神经性痛苦领域。不仅如此，现在，他们还认为健康和自我实现就是一码事。所以，那些还"没能自我实现"的人，便成了需要他们照料和治疗的对象。可以肯定的是，自我实现的想法呼应了20世纪60年代对资本主义的政治批判，也回应了人们对新形式的自我表达和追求幸福的需求，此时的幸福，是从非物质的层面而言的。但心理治疗的话语往前更进了一步，它将幸福问题放在医学隐喻和日常生活病理学中来加以考量。

这类心理治疗要求我们成就最"完整"的自我，或是达成"自我实现"的目标，然而，它却没有给我们提供一个具体的指导方针，来帮助我们准确区分什么是完整的自我，什么又是不完整的自我。心理学家绘制了一个新的情感等级层次，以区分自我实现的人和那些仍在一大堆问题中挣扎的人。这无疑是疗愈文化最为显著的一个特征。它将健康和自我实现置于自我叙事的中心位置时,也将各种各样的行为转变成了各种病症的标志与症状,如将其标记为"神经质的""不健康的""自我挫败的",等等。事实上,当人们学会运用疗愈性语言来审视大多数书籍背后的那套假设时,一种清晰的治疗性的思维模式就出现了,即健康或自我实现的目标也定义了各种各样的机能障碍(dysfunctions)。换句话说,情感上不健康的行为是从与"完全自我实现的人生"这一模型和理想的隐性参照和对比中推导出来的。如果我们把这一理想转换到生理健康领域,这就等于是说,一个没有充分锻炼其肌肉潜能的人是个病人。[9] 二者的不同之处仅仅在于,在心理学话语中,什么才能称为"健壮的肌肉"其实是不明晰的,而且其标准可能永远在变化。

让我为此类叙事提供一个具体的例子来加以说明。正如我在上一章中所论证的,心理学家将亲密关系定义为一种在性与婚姻关系中可以达成的理想目标。在亲密的社交语境中,亲密关系就像自我实现和其他概念一样,是被心理学家发明的,它俨然成了"健康"的代名词。于是,健康的关系是亲密的,亲密便意味着健康。一旦亲密关系的概念被确立为一段健康关系的规范和标准,亲密关系的缺失就可能会成为一种新的自我疗愈性叙事的整体框架。现在,在这种叙事中,亲密关系的缺失便意味着个人的情感构成有缺陷,例如,对亲密关系的**恐惧**。这里我想引用一位治疗师的话,他在《红皮书》杂志上发表了一篇文章,其中恰如其分地表达了这种观点:"在我们的社会中,人们更害怕的是亲密关系而不是性……一个典型的情况是,亲密关系上出现问题的人,很难在一段亲密关系中感到性满足,尽管他们可能在更随意的关系中表现得很好。"[10] 疗愈性叙事是重言式(tautological)的,因为一旦某种情感状态被定义为健康与明智的,所有不符合这一理想状态的行为和状态就会指向那些阻碍人们获得健康的无意识情感,同时也指向一种想要逃离它的秘密愿望。例如,在奥普拉·温弗瑞[i]的一个节目(2005年4月29日播出的节目)片段里,一位略微发胖的女性在婚姻中遭遇了瓶颈,她丈夫很不喜欢的一点是,妻子自结婚以来体重一直在增加。要是我们套用一下这里的隐性前提,即认为亲密关系是健康的,并且假定,妻子的体重是一种亲密关系上的阻碍,那么,这位女性无法成功减肥,可能会反过来形成一种关于心理健康的叙事。事实上,确实有一位心理学家受邀参加这个节目,该心理学家将这位女性的故事描述成一种心理问题,并指出这位女性是将自己的体重视为对丈夫的一种无意识的报复。节目中,这位"微胖"的女性并不同意这种观点,但她也只是表面上这么说:她意识到,她的增重确实有很多无意识的原因,但是她强调,增重是一种忠于丈夫的方式,因为它可以赶走那些潜在的追求者。就像在宗教叙事中一样,疗愈性叙事中的一切都具有隐含的意义和目的。就像《圣经》阐释

---

[i] 奥普拉·温弗瑞(Oprah Winfrey,1954—),美国脱口秀主持人、电视制片人、演员、作家、慈善家。

中会说，人类的痛苦是不为人所知的上帝神圣计划的一部分[i]。一般而言，在疗愈性叙事中，那些对我们来说看似有害的选择，其实也有其隐含的意义和背后的目的。正因此，自助叙事和痛苦叙事产生了联结，比如，我们会暗自期待着我们的痛苦，这样，我们的自我就会为了缓解痛苦而直接承担起责任。因此，要是一个女人不断地爱上那些捉摸不定的或无爱的男人，那么她只能怪她自己，如若不怪罪自己，她也至少要学会改变自己。所以，自助叙事不仅与精神上的失败以及痛苦叙事密切相关，而且实际上正是由后者催生而来的。弗洛伊德理论告诉我们，我们是自己精神家园的完全的主人，而具有讽刺意味的是，当这所"房子"着火时，或者说，尤其是当我们的"房子"着火时，我们才是其真正和完全意义上的主人，这便是弗洛伊德留给我们当代的理论遗产。

很多人认为，机构体系建立文化连贯性的方式，与其说是试图建立统一性，不如说是试图组织起差异性。用比尔·塞维尔（Bill Sewell）的话来说，机构体系"不断地参与到这种努力之中，对于那些偏离理想目标的做法和人，它们不仅努力使其正常化或同质化，还会对其采取等级排序、纳入、排除、定罪、支配或是孤立等措施"。[11] 心理治疗理论中有趣的且也许是史无前例

---

[i] 一个很好的例子是《圣经·旧约》中所记载的约伯的故事。当正直的信徒约伯遭受一系列无端的痛苦、相继丧失金钱和所有子嗣之后，神力又为其恢复了这一切，甚至比他原来拥有的还要多得多。《圣经》阐释中一般以此来假定万物背后存在着神圣计划，并且，它不能为普通人类所理解。

的一点是，它试图通过总结普遍性"差异"来使自我体系化，这与由道德和科学来界定的常态目标的背景格格不入。通过设定一个未被定义的、不断扩展的健康目标，任何或者说所有的行为都可以被贴上相反的、"病理的""病态的""神经质的"等标签，或更简单地说，可被标记为"无法适应的""功能失衡的"，或更笼统地说，是"没能自我实现的"。虽然疗愈性叙事将常态化和自我实现作为自我叙事的目标，但是该目标从未被赋予某种明确而积极的具体内容，所以它实际上制造了各种未能自我实现从而呈病态的人。于是，自我实现成了一种文化范畴，它不断生产一种德里达[i]式"延异"（Derridean differences）的西西弗斯神话。

如果文化只是头脑中的想象，那么文化的观念就是薄弱的。它们需要围绕对象、互动仪式和体系来具体化。换言之，文化体现在各种社会实践中，它必须通过实践和理论两方面来发挥效用。文化的作用恰恰也在于，它拥有能连接这些不同层面的方法。因此，文化便从精心设计的思想体系延伸到了日常生活的平凡行动中。[12] 只有在实践框架的这一背景下，理论话语才能够融入到关于自我的日常概念中。

关于自我实现的疗愈性叙事广泛存在，因为它可以在各种各样的社交平台开展。例如，它们可以在互助小组、脱口秀、心理

---

[i] 雅克·德里达（Jacques Derrida, 1930—2004），法国当代思想家、哲学家、符号学家、解构主义大师，代表著作有《撒播》《论文字学》《书写与差异》等。

咨询、康复项目中心、营利性的工作坊、心理治疗课程以及互联网上进行，这些都是能展示自我和改造自我的场所。这些场所虽然是隐性的，但又大量存在着，它们极大地拓宽了表现自我的渠道，并参与到这一拥有自我和展示自我的持续性任务中。其中一些场所是以民间社会自治的形式（例如"匿名戒酒会"）出现的，另一些场所目前是以商品化的社会机构形式出现的。在后者中，最为成功和最国际化的一个例子是兰德马克教育集团（Landmark Education Corp，简称 LEC，以其论坛而闻名，前身为 EST[i]）的一个项目。它组织了一个为期三天的研讨会，旨在提升人们自我实现的能力，并使他们有望获得约 5000 万美元的年收入。LEC 的总部设在旧金山，它在 11 个国家设有 42 个办事处。这表明，自我实现项目及其商品化已经成为了一项全球性的事业。LEC 斥巨资举办了一系列的研讨会，并美其名曰为了给参与者送去诸多福利，帮助"他们显著提高与他人沟通和打交道的能力，并帮助他们实现各自人生中最想完成的事情"。[13] 出于本研究的目的，我曾去参加了一次这样的研讨会。在那三天中，自我实现的叙事主要是通过向参与者问问题开始的。比如，他们会要求参与者想一些他们在生活中遭受挫败的一面（此种叙事的例子会包括："我单身，找不到另一半""我有过很多女朋友，但我无法对她们中的任何人专一""我已经五年没有和父亲说过话了，因为他不赞成我的

---

i EST（艾哈德研讨训练班），创办于 1971 年，以其创办人维尔纳·艾哈德命名，总部位于美国加利福尼亚州旧金山市，1991 年被转卖后更名为兰德马克教育。

生活方式""我对工作不满意，我不知道该拿它怎么办"，等等），让参与者在他们生活的不同方面（可能是反复出现的）之间创建一个类比系统；使他们采用一套自我实现的叙事，以便重塑他们的生活。举个例子，丹尼尔参加了LEC举办的研讨会，他在网络上分享了以下故事：

十一岁那年，发生了一件事，它造就了我现在的行为方式。那时，我被迫在我的朋友们面前公开承认，我由于太害羞而不敢亲吻街对面的那个女孩。我为此感到丢脸，并得出了一个结论，我大概这辈子也无法在社交上轻松自如，或者说，无法真正坦然地与女孩相处了。所以，我开始重新设计和包装自己，让自己变得勤勉、认真、努力、具有责任感，想以此来弥补这一缺陷。其中的一部分计划就是，我必须身体力行、独立做自己的事。这一方法成了我的制胜法宝，现在它仍然是，但既然我现在可以明辨一切，我也就不必再受其驱使。现在我拥有了自由，可以以自己喜欢的方式去做我想做的事，而在过去的那种行为方式中，这些事情往往会被视为超出我的能力范围或是太危险。我觉得现在的自己不那么刻板了，也更能享受在自己的社交圈、社区和工作中与越来越多的人打交道以及参加各类活动。

在这个故事中，我们可以发现，疗愈性叙事在起作用：这种叙事的框架会要求人们先识别出一种病理，这里指的是一种"自动"

的行为方式（自动的行为方式与自我决心形成的行为方式正好相反）。一旦能够识别出这种自动行为，人们就会与过往建立某种因果联系。因此，他会去找寻某个童年事件，在其中，自我可能遭到了贬低和削弱。这一事件反过来又会对他如今的生活和行为产生重大的影响。这个例子是个典型，它很好地说明了疗愈性叙事的运作方法，即为什么很多行为方式，甚至是那些看似"亲社会"（pro-social）的行为，例如努力工作、认真和勤勉，都被重新定义为"病理性的"。从传统规范上来讲，努力工作这一点肯定是值得称赞的，这里将其重新定义为病理性行为的一个必要前提是，它得是"强迫性的"。为了与这一论坛所提供的叙事结构相一致，此人还试图找出他的病理性行为所带来的好处，从而可以进一步解释，为什么这种行为现在不会让他"感到"糟糕了。这样做之后，他会承担起责任，力图改变这种行为，由此便产生了关于自我改变和自助的叙事。

随着疗愈性叙事在市场上的传播，这一疗愈性道德观（therapeutic ethos）也从知识体系转变成了雷蒙·威廉斯[i]所称的"感觉结构"（structure of feeling）。感觉结构指出了两种相反的现象："感觉"指的是一种尚不成熟的体验，它定义了我们是谁，而我们无法明确表达出我们是谁。然而，"结构"的概念表明，这种经验水平有一个潜在的结构，它是系统存在的，而非偶然生

---

i 雷蒙·威廉斯（Raymond Williams，1921—1988），英国马克思主义文化批评家，文化研究的重要奠基人之一，执教于牛津大学及剑桥大学，代表性著作有《马克思主义文学》《文化与社会》《乡村与城市》等。

成的。[14]事实上，疗愈性自助文化是我们社会经验中非正式的一个方面，虽然目前还不太成熟，但它无疑是一种深刻内化的文化图式，因为它掌控着人们对自我和他人、生平事迹和人际交往上的认识。

因此，疗愈性叙事构建了一种过去十五年间兴起的话语和自白模式，并改变了整个电视媒介，比如像（也许是最明显的）电视脱口秀节目。在这类电视节目中，做得最成功和最有名的便是奥普拉·温弗瑞的脱口秀，每天有超过3300万人收看。众所周知，奥普拉·温弗瑞使用了一种疗愈性的采访风格，她也由此普及了这种自我完善（self-improvement）的疗愈性风格。[15]如前述教育论坛所起的作用一样，温弗瑞在节目中的一个典型例子里对嘉宾使用的是疗愈性叙事，这让嘉宾对他们自身的行为有了进一步的自我理解。在那次节目中，苏女士想要申请离婚，而她的丈夫加瑞对这一前景感到沮丧，他非常想回到妻子的身边。他想回到与自己分居的妻子身边的这种愿望，现在被认定为一个心理问题，可以归类至诸如"人们为什么总想与他们的前任复合"这一大标题之下来探讨。对心理治疗师凯罗琳·布尚（Carolyn Bushong）女士来说，她的主要任务就是将加瑞的故事构建成一个心理问题，并为他的行为找出一套可供解释的一般性叙事：

温弗瑞：加入到我们这次节目访谈的，还有凯罗琳·布尚。她是一名心理治疗师，她出过一本书《爱他的同时也不迷失自我》(*Loving Him Without Losing You*)。她在书中说,爱情通常并不是人们无法摆脱前任的原因,是这么说的吗?

凯罗琳·布尚女士：嗯,是这样。原因有多种多样,但大多数人难以接受的,其实是被拒绝。而且我认为,这就是他［加瑞］来这里做客的原因——他需要……你想赢回她的心,以便让自己感觉没有出问题……［在节目后段,她接着说道］加瑞已经执迷于这一点。"这一点"指的就是那种感觉自己是个坏人的感受,即我前任说我是个坏人。也许我真的是个坏人。所以,要是我能够让她相信我并不是坏人,那么,我们就会好起来的……当我在纠正错误时,正是那些我做过并可能让我感到内疚的事情的那部分心理在作祟,所以我想要……我想对那个人作出补偿,这样,我的内疚就可以消失了。

温弗瑞：加瑞,你是不是也会感到内疚?

加瑞：当然,是这样的。

布尚女士：嗯,有关［你想要掌控苏］这件事。

温弗瑞：你是不是想说,如果你愿意跟我复合,我可以向你保证,我再也不会这样了。

加瑞：是的,在过去,我就有这种感觉。

温弗瑞：是啊,好吧,也就是说,你无法自己一个人生活……不管有没有和前任生活在一起……

布尚女士：这慢慢就会变成一种迷恋……迷恋型的关系。有很多情侣关系就像这样,你知道吧。人们总觉得:

"我想要和这个人在一起,我爱他们,但我也讨厌他们。"[16]

这里有几点需要注意:疗愈性叙事也打造了其利基市场（market niches）,即参加心理治疗的受访者们,会被其同时定义为潜在病患和潜在消费者。在心理治疗行业、出版界和电视脱口秀栏目等专业人士眼中,"爱太满"或"总离不开前任"的那群人,既会成为心理治疗的消费者也会成为他们需要治疗的病人。此外,我们还会发现,疗愈性叙事会将情感（这里指内疚）变成公共对象,供人曝光、探讨和争论。通过构建和暴露"私人"情感,主体参与到公共领域中。最后,帮助人们将他们生活中的故事重写为疗愈性叙事,这便是重述这些故事的目的。[17]也就是说,正是"性解放""自我实现""亲密关系""和平离婚"等叙事目标决定了其叙事的复杂性——在我的生活中,究竟是什么阻止了我去实现目标——这反过来又决定了人们会关注过去发生的哪些特定事件,以及将这些事件联系在一起的情感逻辑（"我无法获得一段亲密关系,因为实际上,我害怕与人亲密;这是因为,我母亲在我童年时从来没有满足过我的需求,而我总是渴望得到她的关爱";或者,"我本应该和平离婚;要是我做不到那样,那肯定是因为我有问题,这才是我不想离婚的真正原因"）。从这个意义上来说,疗愈性叙事是采用倒叙手法来写就的。这也很好地解释了为什么疗愈性文化会自相矛盾地重视痛苦和创伤。关于自我实现的那种疗愈性叙事,只能通过甄别出故事中的复杂因素——例如,搞明白是什么阻碍了我变得快乐、发展亲密关系、取得成功等——来发挥效用，并参照过去的事件来理解它。从结构上讲，它让人们觉得自己的生活出了毛病，有一种总体的功能性障碍。这样想之后，人们才方便更准确地攻克它。这种疗愈性叙事突出了一系列的负面情绪，如羞耻、内疚、恐惧、力不能及等，但它又不会牵涉到道德层面上的价值判断，不会让人们去责备自己。

疗愈性叙事特别适用于自传体裁，并且，它也显著地改变了自传的书写方式。诚然，在疗愈性自传中，身份得以被发现和表达，一般是通过描述痛苦的经历和讲述故事时获得的对情感的重新理解。如果说19世纪的自传叙事通常很有趣，是因为它们常带有"白手起家"的故事情节，那么，当代自传则具有相反的特征。它们是关于精神痛苦的，即使是在名利双收的名人自传中，这一点也概莫能外。为了更好地阐明我想表达的意思，我将再举三个例子。第一个是关于奥普拉·温弗瑞的，在她荣耀的事业巅峰，她是这样描述自己的生活的：

> 在这本书［她本应该写的一本自传］之前，她陷在模棱两可和令人窒息的自我怀疑中，就像在深海水域中漂流浮沉……重要的是她内心的感受，它们隐匿在她灵魂最深处的角落里。在那里，她从未感到过满意，她认为自己不够好。于是，一切生活都得归结于此：她与肥胖症作着永久的斗争（"体重的磅数便代表了我生命的沉重分量"），她处于青春期的性躁动（"并不是因为我喜欢到处与人发生关系，而是因

为，一旦我和某个男孩发生了关系，其他男孩也会有所希求，我不希望看到他们生我的气"），她甘愿以爱之名受尽某个男人的奚落（"我在一段又一段的关系中接连受到伤害和虐待，但我会觉得，这都是我自找的"）。"我知道，人们会说我看似拥有一切。"奥普拉说着，并环顾她位于芝加哥市中心以西的电影电视综合大楼，它们价值 2000 万美元、占地 88000 平方英尺。"人们会认为，你能上电视，所以你可以轻松地拥有整个世界。其实，我已经挣扎了很多很多年，一直在与我自己的自我价值较着劲，现在，我才开始慢慢接纳它。"[18]

精神痛苦的叙事成功地重新定义了传记，它认为，在自传中，自我本身从未完全"定型"，而个人的痛苦也是身份的一个必要组成部分。所以，在新的疗愈性自传中，功成名就并不是传记故事的最终目的；恰恰相反，它所追求的，是在世俗所谓的成功中寻找自我被解构的可能。例如，像布鲁克·雪德丝（Brooke Shields）这样年轻而成功的女演员，她的自传中也包含了对她产后抑郁状态的描述。[19] 同样，简·方达的自传[20]仿佛为我们拉开了一场情感戏剧的大幕，起初是与冷漠而疏远的父亲度过的不幸童年，继而，她的人生中又出现了三段同样失败的婚姻。《纽约时报》的书评人曾对她的自传作出如下这般挖苦性的评论：

方达对她迷失的自我进行了长达六十年孜孜不倦的探寻，最后她终于找到了自我。《迄今为止我的人生》(*My Life So Far*) 并不是一个抒情性的标题，但是，它捕捉到了简的那种荣格式、西西弗斯式、奥普拉式的挣扎，她努力将痛苦过滤加工，以驱逐她内心的恶魔。她的书就像是一种心理学呓语般的铁环一样，喋喋不休地循环……她一会儿放弃真实性，产生一种空虚和脱离实体的感觉；一会儿又试图重新住进自己的身体中，"认可"其女性气质、身体空间和阴道，体认她自己的领导能力、岁月催生出的皱纹和她的母亲，仿佛这样，她的"真实自我"才会出现。[21]

这三本都是关于强大、成功与魅力四射的女性的传记，它们的讲述方式也相仿。自传讲述者永恒地追求着她们的内在自我，与各自的情感生活作斗争，最后，她们也都挣脱了情感枷锁，获得了精神自由。正如米歇尔·福柯在他的《性史》(*History of Sexuality*)中言简意赅地表述的那样，对自我的关怀，如果放在关于健康的医学隐喻中，就会产生自相矛盾的后果，它一方面催生出"病态"的自我，另一方面又鼓励人们纠正和转变自我。[22]

自助和自我实现的叙事，本质上是一种关于记忆（尤其是关于痛苦的记忆）的叙事。在这个叙事的中心有这样一个指令，人必须锻炼自己咀嚼痛苦的回忆能力，这样才能最终摆脱痛苦。为了进一步阐明这种叙事文化上的独特性，我们也许可以看看亚伯拉罕·林肯[i]的例子。关于他自己的人生,林肯曾如此评说道:"想要从我的早年生活中汲取什么有营养的成分,那是十分愚蠢且徒劳的事情。因为那一切,一句话便足以概括……一个穷小子简短而又普通的生活纪事。"[23]与这种讲述个人传记的方式完全相反,疗愈性叙事的意义恰恰在于,要"从早年生活经历中创造出"一切。此外,林肯拒绝赋予贫穷以意义,与此相反,疗愈性叙事恰恰很重视如何理解日常的生活,把它们当作(或隐匿或公开的)痛苦的再现。事实是,疗愈性叙事似乎与自我牺牲和自我舍弃的社会价值观完全相反,而此种价值观直到最近还在美国文化中占据着主导地位。那么,我们又如何来解释疗愈性叙事的盛行呢?

疗愈性叙事产生了巨大而广泛的文化影响,其原因有很多:

一、疗愈性叙事解释了矛盾性情感存在的合理性——要么是爱太满,要么是不够爱;过于强势或者不够自信坚定。用营销学的术语来说,这就好像发明了一种能同时满足吸烟者和禁烟者的香烟一样,或者说,就好比抽不同品牌香烟的人都热衷于去抽同一款香烟一样。

二、这类叙事借用了宗教叙事的文化模式,这一模式既是回溯式的又是前进式的:说它是回溯式的,是因为它讲述的是过去的事件,然而,或许也可以说,这些事件仍然存在,并且还影响

---

[i] 亚伯拉罕·林肯(Abraham Lincoln, 1809—1865),美国第16任总统,也是首位共和党总统,在任期间主导废除了美国黑人奴隶制。于1861年就任,1865年4月遇刺身亡。

着人们当下的生活；说它是前进式的，则是因为这一叙事的目标是要建立一种预期性的救赎，这里等待救赎的，当然是指情感健康。如此一来，这些叙事就成了非常有效的工具，能帮助人们建立自我的一致性和连贯性，以及构建一个可以涵盖生命周期各阶段的总体叙事。

三、在此类叙事中，人们要对自己的心理健康负责，而做到这一点，并不牵涉任何对道德上错误的训诫。因此，它可以使人们有效地利用道德个人主义、变革与自我完善的文化结构及其价值观。于是，通过将这些结构与价值观转移至童年经历和有缺陷的原生家庭背景上，人们便可以摆脱压力的重负，不用过那种令自己不满意的生活。这反过来又形成了我们所说的或戴维·赫尔德[i]所称的那种"命运共同体"，或曰"苦难共同体"。最典型的例子莫过于互助团体的存在。

四、疗愈性叙事具有操演性（performative），从这个意义上来说，它不仅仅是讲述一个故事，因为在讲述的过程中，它也重组了经验。就像施为动词[ii]执行其所指示的动作一样，互助团体也提供了一套操演性的符号结构，它执行的是愈合和修复功能，这既是疗愈性叙事的终点，也是其目标。正是在自我改变的这种体验中，在完成对这种体验的重新构建中，现代人作为主体，才会

---

[i] 戴维·赫尔德（David Held, 1951— ），英国伦敦政治经济学院的政治学教授，也是英国著名的政体出版社（Polity Press）的创始人之一。
[ii] 施为动词（performative verb），在英语语法中指一种"言语"性质的动词，即这个动作是通过言说来表达的，如 apologize（道歉）、advice（建议）、explain（解释）等。

感觉到自身具备道德上和社交上的能力。

五、疗愈性话语是一种具有感染性的文化结构，它可以进行自我复制，并传递给我们身边的人、子孙后辈以及配偶。例如，犹太大屠杀受害者的第二代和第三代后人，现在就有了属于他们自己的互助小组，因为他们的祖父母都是大屠杀的直接见证者。[24]这之所以成为可能，是因为他们利用了一套象征性的结构，把他们自身的身份塑造成生了病的主体，等待着被治愈。通过这种方式，疗愈性叙事还可以增进家族之间的血脉联系，加深和稳固代际之间的纽带。

六、疗愈性传记几乎成了一种理想的商品：它不需要或者几乎很少需要资金投入，只要求记录者愿意讲述他们的故事，并允许作为读者的我们走进他们的精神世界，窥探他们阴暗的心理角落。此类叙事以及由叙事而引发的自我转变，正发展成了唾手可得的商品，它们由大量的专业人士（如心理治疗师、精神科医生、心理顾问）生产和加工制造，并通过媒体渠道（女性或男性杂志、脱口秀、互动式的广播电台节目等）广泛传播。

最后，也许也最为重要的是，疗愈性叙事源于这样一个事实，即个人已经完全融入了充斥着各类权利话语的文化之中。个人和团体越来越多地要求得到"认可"，要求各类机构承认个人所承受的痛苦，并为之作出相应的补偿。

公民社会中到处都是需求市场与权利话语，二者之间脆弱的、充满矛盾的、不稳定的交会处，便成了疗愈性叙事的运作场所。正是这种叙事成了许多人所称的受害者情结和抱怨文化的核心。例如，法律学者阿兰·德肖维茨（Alan Dershowitz）就哀叹这样一个事实："你在白天切换电视频道的时候，几乎总能看到一群啜泣的男女，他们通过描绘过去的一些伤痛经历——不管是真实的还是虚构的——来为各自失败的人生寻找借口。"[25] 与此类似，艺术评论家罗伯特·休斯[i]也表示，我们的文化"越来越像一种自白文化，在这种文化中，**痛苦的民主**占据着首要地位。也许不是每个人都出名且富有，但是，所有人肯定都受过苦"。[26] 我们甚至可以在哲学思想中看到有关这种观点的各种表述。齐泽克[ii]很好地概括了这一点，齐泽克发现理查德·罗蒂[iii]将人类定义为"能忍受痛苦的人，正因为我们是符号性动物，所以人是可以讲述这种痛苦的人"。齐泽克还补充说，鉴于我们都是潜在的受害者，所以，"正如霍米·巴巴[iv]所言，基本的权利变成了讲述的权利，即讲述自己故事的权利；构建关于你所遭受的痛苦的具体叙事"。[27]

在流行或高雅的关于自我认同的定义中，痛苦的普遍存在无疑是对20世纪80年代以后的社会现象最矛盾的一击。到目前为止，大肆盛行的提倡自力更生的个人主义话语从未如此普

---

i 罗伯特·休斯（Robert Hughes，1938—2012），澳大利亚艺术评论家、作家、纪录片制片人。
ii 斯拉沃热·齐泽克（Slavoj Žižek，1949— ），斯洛文尼亚学者、作家、思想家。
iii 理查德·罗蒂（Richard Rorty，1931—2007），美国哲学家，普林斯顿大学、弗吉尼亚大学及斯坦福大学教授，代表著作有《哲学和自然之镜》《偶然、反讽与团结》等。
iv 霍米·巴巴（Homi K.Bhabha，1949— ），印度哲学家、后结构主义者、后殖民理论主要思想家，哈佛大学人文学院教授，代表著作有《民族与叙事》《文化的定位》等。

遍并占据着支配地位，但与此同时，无论是在互助小组、脱口秀、心理治疗、法庭还是亲密关系中，表达和展现个人痛苦的诉求也是前所未有地强烈。那么，这种痛苦叙事是如何成为我们表达自我、拥有自我、拥有和表达情感的主要方式的呢？

我认为，自我实现和承受痛苦这两种主张是制度化的形式。思想要指导行动，就需要制度基础。我的假设是，自我是一种深度制度化的形式。[28] 为了成为组织自我的基本图式，一种叙事就必须具备广泛的文化和制度上的影响，也就是说，它必须成为制度中日常运作的一部分，需要掌控大量的文化和社会资源，例如国家或市场。相反，诸如自我叙事之类的认知典型（cognitive typifications）便是"储存"（deposited）在心理框架中的制度。[29]

在美国文化中，第一个（也许也是最普遍的一个）支持和巩固心理治疗的制度是国家。国家层面对心理治疗话语的大力推广离不开一个事实，即在战后的国民情绪中，人们极大地关注社会适应和健康问题[30]，这一点从1946年美国成立国家精神健康研究所（National Institute of Mental Health）中可见一斑。国家精神健康研究所成立之后，其所拨资金在以惊人的速度增长。1950年，该机构的预算只有870万美元，到1967年，则达到了3.15亿美元。这表明，心理健康和服务被认为具有普遍价值和应用价值。这一惊人的增长与国家越来越多地在其提供的各类服务中使用心理治疗密不可分，例如，心理治疗在社会工作、监狱改造计划、教育和法庭诉讼中的运用等。事实上，正如米歇尔·福柯和约翰·迈耶尔[i]所论证的那样——虽然他们各自论证的方式迥异，但他们都一致认为——现代国家是围绕个体的文化观念和道德观来组织其权力的。心理学话语为个人主义提供了一种主要的模式，所以它才会被国家采用和推广。[31]正如迈耶尔和他的同行所说，这些模式既存在于国家议程中，也存在于国家在教育、商业、科学、政治和国际事务等各个领域的干预模式中。尽管国家是最强大的推动者，但它并非是唯一一个对人类问题采取心理治疗方式的推动者。民间社会也推动了疗愈性叙事的发展。

女权主义是采用心理治疗话语的第二个主要政治和文化形式。女权主义对心理学话语的应用最早出现在20世纪20年代，特别盛行于20世纪60年代——那时，女权主义对性解放运动有着促进作用（详见上一章内容）。20世纪80年代，女权主义谴责了父权制家庭在虐待儿童方面施加的压迫性影响。通过为被虐待的儿童进行辩护，女权主义在心理治疗中发现了一种谴责家庭和父权制的新策略。关于这一点，我推测，是因为"虐童"这一范畴使女权主义能够调动其他的文化范畴，例如有关儿童的文化范畴，而后者具有更广泛和更普遍的感召力。

在反对虐待儿童方面，一位最强有力的女权主义者是爱丽丝·米勒（Alice Miller）。在她那本影响深远的《天才儿童的戏剧人生》(*The Drama of the Gifted Child*)中，她以心理治疗的逻辑

---

[i] 约翰·迈耶尔（John W. Meyer, 1935—　），美国社会学家，斯坦福大学社会学系荣休教授。

宣称，当一个孩子受到虐待时，为了生存和避免无法忍受的痛苦，他的大脑中会生发一种非凡的机制，叫作"压抑机制"。她称其为"礼物"，因为它会在意识之外存储这些痛苦的经历。[32] 米勒将创伤置于人生叙事的中心位置，她认为，有些受虐待或被忽视的儿童，在成年后也不会感到自己是创伤的受害者，这是由于创伤被压抑了。就像在人文主义的叙事中一样，米勒将本真性（authenticity）视为自我应该去追求的真正目标。按照心理治疗的逻辑，她还发现了心理问题在代际之间的影响："任何虐待自己孩子的人，在其童年时期，也都受到了或多或少的严重创伤。"[33] 女权主义者使用创伤这一范畴来批评家庭，保护儿童，促成新的立法，并谴责男性对妇女和儿童施加的暴行。在扩大对家庭的政治批判和全面采用"情感伤害"这一范畴时，女主义者不可避免地、越来越多地借鉴和依赖了心理学话语。

进一步推广了疗愈性叙事的第三个群体是美国的越战退伍军人，他们利用创伤范畴来获得一些社会和文化福利。1980年，美国精神病学协会（American Psychiatric Association）正式认可了创伤这一范畴：

> 创伤后应激障碍综合征[i]这一创伤词条的建立，部分得益于精神健康工作者和代表越战老兵的业余活动人士的强烈游

---

i 创伤后应激障碍综合征（Post Trauma Stimulus Disorder，简称PTSD），由美国精神医学会纳入医学年鉴手册，指个体目睹或遭遇一个或多个涉及自身或他人的实际死亡，或受到死亡的威胁，或严重受伤后延迟出现或持续存在的精神障碍。

说工作。创伤后应激障碍综合征的诊断,承认了美国退伍军人的心理痛苦,为他们赢得了尊重,因为他们在分裂和厌战的民众中并不太能被认可与接受。这一心理诊断将越战老兵那令人费解的症状和行为归咎于有形的外部事件,承诺会让退伍军人摆脱精神疾病给他们带来的耻辱,并保证给予他们(至少在理论上)同情、医疗关照和赔偿。[34]

遵循心理治疗话语的制度性和认识论上的逻辑,创伤后应激障碍综合征便逐渐被应用于各种事件,例如强暴、恐怖袭击、事故、犯罪等。

进入精神痛苦领域的最后一个,也许是最重要的参与者,便是制药行业和《精神疾病诊断与统计手册》,它们为精神健康领域提供了强大的市场推动力。《精神疾病诊断与统计手册》出现于1954年,它是一本诊断指导手册,它的出现是源于诊断和治疗之间有着更加密切的关联,以便保险公司或其他赔付机构能更有效地处理索赔条款。现在,《精神疾病诊断与统计手册》不仅被大多数的精神健康临床医师使用,也被越来越多的"各州立法机关、监管机构、法院、许可委员会、保险公司、儿童福利机构、警察局等部门"使用。[35]病理学的编纂入册源于这样一个事实,即心理健康越来越与保险赔付的范围密切相关。因为提供了一系列列在保险索赔单上的编码,《精神疾病诊断与统计手册》成了精神健康专家与医疗补助机构、残疾人收入社会保障部门、退伍军人福利计划以及医疗保险机构等大型捐赠机构之间的桥梁。[36]正如库钦（Kutchin）和柯尔克（Kirk）在其合著的书中所写："《精神疾病诊断与统计手册》是心理治疗师保险索赔的密码。"[37]

我认为各种版本的《精神疾病诊断与统计手册》——尤其是第三版——的主要文化影响在于，它大大扩宽了精神障碍行为的定义范畴。因此，在第三版《精神疾病诊断与统计手册》中，我们现在还可以找到对各种精神障碍行为的描述，例如，"对抗型障碍"（编码为313.81）被定义为"不服从、消极并挑衅地反抗权威人物的模式"，[38]或者"表演型人格障碍"（编码为301.50），受这种人格障碍影响的人"生龙活虎而富有表演性，总会想办法引起人们对自己的关注"，[39]或者还能找到"回避型人格障碍"（编码为301.82），其基本特征是"对潜在的拒绝、羞辱或羞耻极为敏感；不愿意与人建立任何关系，除非得到坚定无疑的保证且被不加批判地完全接纳"。[40]仅仅枚举这些例子就足以表明，《精神疾病诊断与统计手册》极大地拓宽了精神障碍的范畴。它的制定不仅符合各种各样的临床研究者——如精神病学家、临床心理学家、社会工作者——和保险公司的利益，因为二者都想要更加密切地规范心理健康领域，而且契合制药行业的利益，制药行业正迫切地渴望进入情感疾病和心理疾病的市场。制药行业的主要利益在于，通过扩大精神疾病的范畴，让更多的精神科药物得以被用于对患者进行治疗。[41]"对制药公司来说……未被贴标签的普罗大众是一个尚未被开发的巨型市场，对精神障碍诊疗领域来说，这仿佛是未被开垦的阿拉斯加州的原始油田。"[42]因此，有心也好，无意也罢，《精神疾病诊断与统计手册》确实为新的精神和消费领域贴标签、绘制图表作出了贡献，而这反过来又有助于制药公司扩大他们的市场。

我想我们可以在此再举一个绝佳的例子，它被布鲁诺·拉图尔[i]和米歇尔·卡隆[ii]称为"转译过程"，即个人或集体行动者不断努力将自己的语言、问题、身份或兴趣转化为他人的语言、问题、身份或兴趣。[43]女权主义者、心理学家、国家及其社会工作者大军、精神健康领域的研究者、保险公司及制药公司，都对疗愈性叙事进行了"转译"。虽然其原因各不相同，但所有这些人或机构共同感兴趣的一点是，如何促进和扩大病理学中关于自我的叙事，从而实际上促成一种关于疾病的叙事。因为，为了让自己变得更好——这一新领域推广或销售的主要商品——人们必须首先承认自己有病、还不够好。因而，以上这些参与者在促进健康、自助和自我实现的同时，也必然促成和扩大了心理问题的领域。换句话说，疗愈性自助叙事并不像结构主义者所说的那样与"疾病"相反，它们并不是一组对立的概念。恰恰相反，促进和推广自助叙事的**正是**有关疾病和精神痛苦的叙事。由于文化图式可以扩展或转移到新的情境之中，女权主义者、退伍军人、法院、国家服务机构、精神保健专业人员等，便挪用并转译了这一关于疾病和自我实现的图式，从而用它们来组织自我，使自我实

---

i 布鲁诺·拉图尔（Bruno Latour, 1947— ），法国哲学家、社会学家。
ii 米歇尔·卡隆（Michel Callon, 1945— ），法国巴黎矿业大学社会学教授。他和布鲁诺·拉图尔同为"行动者网络理论"（actor-network theory）的主要倡导者。

现叙事成为一个真正的、德里达意义上的存在实体，可以制定并包含它想要排除在外的东西，即疾病、受苦和疼痛。

菲利普·里夫[i]、罗伯特·贝拉、克里斯托弗·拉什[ii]、菲利普·库什曼[iii]以及伊莱·扎瑞斯基[iv]等人提出了一种相似的观点。他们认为，心理治疗的精神可以使自我去制度化（deinstitutionalizes），我对这一论点持怀疑态度。我认为，很少有哪种文化形式会像心理治疗这样制度化。此外，与福柯不同，我还认为，疗愈性叙事产生的并不是快感，而是各式各样的痛苦。福柯认为，"我们……发明了一种与众不同的快感，这种快感是真正意义上的快感，它是了解真相的快感，是发现并展示真相的快感"。[44]我认为，疗愈性叙事其实产生了多种形式的痛苦。借用人类学家理查德·史威德[v]的话，也许我们可以说，"一个民族对痛苦的因果本体论的解释，也在造成它所解释的痛苦中扮演着某种角色。这正如人们对某种形式的痛苦的描述可能也是它所表征的痛苦的一部分"。[45]换句话说，心理学的主要使命本是减轻各种

---

i 菲利普·里夫（Philip Rieff，1922—2006），美国社会学家、文化评论家，宾夕法尼亚大学教授。

ii 克里斯托弗·拉什（Christopher Lasch，1932—1994），美国历史学家、社会评论家，大学历史系教授。

iii 菲利普·库什曼（Philip Cushman），美国心理分析师，执教于位于华盛顿的西雅图私立大学（Antioch University Seattle），著有《建构自我，建构美国》。

iv 伊莱·扎瑞斯基（Eli Zaretsky），美国纽约社会研究新院历史学教授，著有《灵魂的秘密》。

v 理查德·史威德（Richard Shweder，1945— ），美国文化人类学家、文化心理学家，芝加哥大学杰出教授。

形式的精神痛苦，然而，它却企图通过未被定义的健康和自我实现的目标来完成这一点。而实际上，心理治疗话语帮人们创造了个体对于痛苦的记忆，所以，具有讽刺意味的是，心理治疗创造了许许多多它本应该去减轻的痛苦。我认为，将这类形式的痛苦归入快感的范畴，无论在道德上还是在认识论上都是错误的，这一点单单从它们与自我认识和自助项目交织在一起便可以看出。

总而言之，我们无法将痛苦叙事与自助叙事截然分开，而把它们两者联系在一起的线索很多且相互矛盾：人权已扩展到新的领域，例如儿童权利和妇女性行为方面、制药公司关于心理健康的商品化运作、保险机构对心理医生这一职业的监管、国家作为教育者在从私人到公共的广泛领域中越来越多的干预，等等。所有这些因素都构成了动态的隐性的解释机制，告诉我们为何这种受害者叙事会变得如此盛行，以及为什么此种叙事可以与自助叙事和谐共存。

情感场域,情感惯习[i]

这些不同的行动方共同创建了一种行动领域,在这个领域中,心理健康和情感健康是主要的流通商品。它们共同促成了我所谓的情感场域的出现,即一种社会生活领域,在这一领域中,国家、学术界、不同的文化产业部门、被国家和大学认可的专业团队、大型医药市场以及流行文化等相互交织,形成了一个具有自己的规则、对象和范围的行动与话语领域。不管是各个心理学流派之间的较量,还是精神病学与心理学之间的较量,都不应该掩盖一个事实:它们最终都一致同意,情感生活是需要管理和控制的,以及要在范围不断扩大的健康目标下被调节。各种各样的社会和机构参与者都在相互竞争,以期能够定义自我实现、心理健康或确定病理,继而使情感健康成为一种新型商品,可以以场域的形式在社会和经济场所被生产、流通和回收。关于痛苦的叙事应该被视作精神健康领域中不同参与者之间进行奇异融合的结果。

布尔迪厄[ii]告诉我们,场域是通过惯习机制或者"从施事者内

---

[i] 惯习(habitus),布尔迪厄常用的术语,指后天属性、资本。
[ii] 皮埃尔·布尔迪厄(Pierre Bourdieu,1930—2002),法国当代著名社会学家、思想家、哲学家和文化理论批评家,巴黎高等研究学校教授,法兰西学院院士,代表作有《区隔》《男性统治》《世界的苦难》《实践理论大纲》等。

部运作的结构机制"来维持自身的。[46]情感场域不仅通过构建和扩展病理领域以及将情感健康领域商品化来运作,它也通过控制人们获得社会能力的新形式来发挥作用,这种社会能力,我把它叫作情感能力(emotional competence)。文化场域是由文化能力构成的,文化能力指的是一种熟悉高雅文化并能对文化产品作出阐释的能力,而高雅文化一般为上层阶级所宰制。同样,情感场域也受情感能力的影响和控制,这种情感能力则取决于人们能否展示出由心理学家定义和推广的那种情感风格。

与文化能力一样,情感能力也可以转化成某种实际的社会效益,如事业升迁或累积社会资本。的确,一种特定形式的文化行为想要转化为资本,它就必须能够折算成经济和社会效益;它必须能转换成某个施事者可以在某个领域大展拳脚的东西,或是能帮助他把握住该领域的利害关系,一般结果会是,要么帮助他获得入场资格,要么取消他的入场资格。[47]比文化资本的传统形式——例如品酒或熟悉高雅文化等——更甚,情感资本形式似乎调动了惯习中最不具有自反性的方面。它作为"持久的身心倾向"而存在,也是文化资本表现形式中最为"具象"的一部分。[48]

在美国的社会语境中,情感能力在工作场所得到了最为正式的展示,这尤其体现在公司为招聘员工而采用的人格测试里。人格测试之于情感,正如学术测试之于文化资本一样,它是对某种特定情感风格进行认可、合法化和赋权的一种方式,而这种情感风格反过来又被精神分析理论加以塑造。正如性格研究领域的两位专家沃尔什(Walsh)和贝茨(Betz)所言:"精神分析概念和精神分析本身，都对评估过程产生了相当深远的影响。"[49]换句话说，即使主导性格测试的理念似乎远离了精神分析理念，精神分析理念也仍然在发挥着重要作用，它使人格测试和情感评估成为招聘和评估工作绩效的有效手段。情感行为已经成为经济行为的关键，所以，当情商（emotional intelligence）概念刚在20世纪90年代兴起时，它就征服了美国的公司。丹尼尔·戈尔曼[i]是一位受过临床心理学培训的记者，他的著作《情商》对整个20世纪都在逐渐形成和定型的情感文化贡献巨大。这本书创建了情感行为分类的正式工具，并对情感能力的概念进行了说明。如果说，这本书几乎是一夜之间就将情商变成了美国文化中的一种核心概念，那是因为，临床心理学早已灌输并合法化了这样一种观念，即情感能力是成熟自我的一个关键属性。情商"是一种社交智力，它指的是人们具有注意自己和他人情感的能力，并能够区分二者，以及懂得如何利用这一信息来指导自己的思想和行动"。[50]于是，情商涉及的几种能力可以主要概括为以下五种：自我意识、情感管理、自我激励、有同理心、人际和谐。心理学家已经大规模地改变了社会交往和文化的领域，通过情商这一概念，人们现在可以衡量这些领域的一些属性，从而创造出新的方法来对不同的人进行分类。

---

i 丹尼尔·戈尔曼（Daniel Goleman，1946— ），哈佛大学心理学博士，美国《时代》杂志专栏作家，曾执教于哈佛大学，四度荣获美国心理协会最高荣誉奖项并两次获得普利策奖提名。他认为情商比智商更能影响成功，被誉为"情商之父"，代表作有《情商》和《工作情商》。

因而，情商是一种分类工具[51]。像智商这个概念一样，情商可以被简单转化成组织能力、晋升机会和责任感等，所以它能够对社会群体进行分层。在军队和工作场所中，常常通过智商（IQ）来对人们进行分类，以提高他们的生产效率。同样，情商（EI）也很快成为了一种区分工人生产力高效和低下的分类方法，只不过，这次不是通过认知技能测验，而是通过情感测验来进行分类的。于是，情商被转换成了工作场所内部的一种分类工具，它可以用来控制、预测和提高工作绩效。如此一来，情商的概念便带来了情感上的"通约"过程（已在第一章中探讨过），并使之达到目的最大化，从而使得情感成了可以被排序、分类和量化的范畴。例如，在一篇商业文章中，作者声称："一家跨国咨询公司对经验丰富的合作伙伴做了情商能力测验和其他三项能力评估。在共计20分的能力测验中，均值为9分，测验证明，获得均值及以上的合作伙伴，账户中获得的利润比其他合作伙伴要多出120万美元，也就是利润增加了139%。"[52]

一些资质证书测验的兴起伴随着以智力为概念的新的分类形式和工具的开发（比如，产生了著名的智力测验，它反过来又作为一种方法，可以将人们划分为具有不同社会地位的等级）。我一直在描述的情感资本主义也催生了情商概念，并产生了新的分类和区分形式。通过将人格特征和情感纳入新的社会分类形式，心理学家不仅促使情感风格转化为一种社会货币（一种资本），而且阐明了一种新的自我语言，以期获得这种资本。例如：

在欧莱雅公司，根据特定情感能力遴选出来的销售代表，其销售额要远远超过那些使用公司旧有遴选机制选择出来的销售人员的销售额。以每一年的销售业绩为例，根据情感能力遴选出来的销售人员，比其他销售人员的销售额要多出 91370 美元，这直接促成净收入增加了 2558360 美元。此外，根据情感能力选拔出来的销售人员，其第一年的人员周转率也比以传统方式选拔出来的销售人员的周转率要低 63%。[53]

这个例子具有很强的代表性，因为它不仅表明情感能力确实已成为工作场所招募和提拔人员的一种正式标准，而且表明资本的情感形式也可以转化为直接的货币形式。

情商是在经济体系中所需要的一种能力，因为自我的表现对经济状况有着至关重要的作用。此外，情商也是心理学家高度专业化过程所引起的结果，他们历来在垄断地定义情感生活及其运行规则上都做得非常成功，并因此建立了新的标准来掌控、管理和量化情感生活。情商高尤其成为了善于管理情感的专业阶层——尤其是新中产阶级——的特权，而情感能力体现在展示出来的认知和情感技能上，这样的技能恰是临床心理专家最为擅长的。情商尤其能很好地反映新中产阶级的情感风格和性格特征，他们处于中间地位，既利于掌控也方便被控制。新中产阶级的职业通常需要他们有谨慎的自我管理技能，他们的工作特别依赖协作，他们也必须以创新和高效的方式来展示自己。因此，情商是一种惯习的形式，这就使它能够获得一种介于文化资本和社会资本之间的资本形式。首先，它是文化资本，因为正如布尔迪厄所表明的（尽管他没有使其理论化），文化评估的模式和编码具有情感风格或某种调性（tonality，正如布尔迪厄提到"超然旁观"或"参与性认同"时那样）。一个人的情感态度和风格，就像他的文化品位一样，定义着这个人的社会身份。[54] 其次，情商也是社会资本，因为情感正是社交互动得以产生和转化的必备要素。如果文化资本就像身份标志一般至关重要，那么情感风格也同样至为关键。它解释了人们是如何发展人际关系网络的，不管其强大还是薄弱；它还建立了社会学家所说的社会资本，即个人社交关系转化为资本形式的方式，例如职业晋升或财富累积。[55] 当这种情感资本出现在资本主义内部被吕克·布尔当斯基[i]称为"联结主义"（connexionist）的那种形式中时，尤其如此。如他所言，在联结主义的资本主义（connexionist capitalism）中，统治阶级的阶级惯习不能够再依赖于他们自身的直觉。这种惯习要求人们去了解如何与人建立联系，这不仅要求人们与那些位于不同地理位置的人建立联系，也要求人们与那些在社交上疏离自己的人建立联系。[56]

---

[i] 吕克·布尔当斯基（Luc Boltanski, 1940— ），法国知名社会学家，早年师从布尔迪厄，法国高等社会科学院教授，著有《论辩护》等。

心理学的实用主义实践

本想就此停止这番分析，给出一个建构式的结论，即社交界也充满了各种社交斗争。我也可以如布尔迪厄所不断重申的那般，指出社交领域的利害关系其实是武断的。但我认为，用建构主义的方法来停止我们这里的分析是不能够令人满意的。我们应该追寻实用主义的脚步，询问为何某些意义是"奏效"的。要想奏效，话语就必须为相信并使用它的人实现某些心愿。要是话语"实现"了人们在日常生活中想要其"奏效"的某些事情，那么，它就会继续发挥功用并流通下去。不过在此，我得问一问，疗愈性的情感能力有什么作用？它到底能帮助我们实现什么呢？

我们如果将亲密关系——包括与爱人、配偶或孩子之间的关系——视为**一种行动领域和意义本身**，把它当作可以帮助人们实现幸福的文化和社会资源，那么，我们可能会想要去了解，能带来此种幸福的文化和符号形式是什么。这样的假设命题与社会学主流的传统范式背道而驰，后者通常在充满竞争的领域中处理各种形式的资本，并且它也不太愿意将幸福或家庭本身视为一种商品形式。例如，布尔迪厄的社会再生产理论就将家庭视为一种机构，这种机构最终也会臣服于社会的结构。在其符号再生产的理论中，家庭是这样一种机构：它在早年间灌输给人们某种隐形的性情，而在随后充满社会斗争的竞争领域中，这些性情也会被人们转化为实际的选择。然而，迈克尔·沃尔泽[57]、苏珊·奥金[i]等女权主义理论家曾特别令人信服地指出，一种正义的理论应该考虑并尊重各个生活领域的价值，并要区分市场中有风险的商品和家庭中有风险的事物之间的不同。

如果我们将家庭和亲密关系视为有其自身意义和行动范围的自主领域，那么，我们就可以将它们当作**道德商品**来进行分析，其中的**自我**概念和有关**幸福**的内容正处于危险当中。也就是说，我们需要颠倒布尔迪厄的理论模型，并去探究为何某些职业的父母会让他们的孩子培养出某种特定的情感惯习，而且，为什么这一惯习反过来又会帮助他们在亲密关系领域获得特定形式的**幸福感**[iii]。只有弄明白了这些，我们才能探讨亲密关系或友谊是怎样如其他形式的商品一样，在社交上进行分布和配给的。

下面，请允许我放一段与某位采访者的对话来阐明我的观点。这位受访女士是一名编辑，拥有英语文学博士学位，毕业于美国中西部的一所顶尖大学。她与一位哲学教授结婚有四年了。

---

[i] 迈克尔·沃尔泽（Michael Walzer, 1935— ），美国著名政治哲学家和公共知识分子。先后任教于哈佛大学、普林斯顿大学与普林斯顿高等研究院。研究领域包括战争伦理、分配正义、政治义务、身份认同、政治哲学方法论等。著有《正义与非正义战争》《正义诸领域》等。

[ii] 苏珊·奥金（Susan Okin, 1947—2004），美国女性主义政治哲学家，斯坦福大学政治哲学系教授。著有《政治、社会性别和家庭》《西方政治思想中的妇女》《文化多元不利于女性吗？》等。

[iii] 原文为希腊语 *eudaimonia*，是伦理学中的重要概念，一般译为幸福感或良好生活。

采访者：你会有负面情绪吗？

[沉默了一会儿]

采访者：你如果不想回答，可以不回答。

受访者：嗯，我不确定，我不知道是不是该说。

采访者：这完全取决于你。

受访者：好吧，我其实是个容易嫉妒的人。我嫉妒心很强。我也知道自己为什么会嫉妒。我嫉妒的主要根源来自我父亲，他为了另一个女人抛弃了我母亲，所以我是在一个单身母亲的教导下长大的，母亲总是一遍又一遍地告诉我，不要相信男人。

采访者：这对你与丈夫的关系会产生影响吗？

受访者：是的，肯定是有影响的，我变得非常嫉妒，占有欲非常强，并且，我是真的会感受到来自其他女性的威胁。比如，有一天，我们俩和我们共同的朋友一起吃饭，席间我的一个朋友问拉里[受访者的丈夫]是否去过印度。拉里说他去过印度，但他不想谈这件事，因为他是和一个前女友一起去的。拉里知道谈论这件事会让我不高兴，所以他不愿意谈，但朋友还是一直不停地问这个问题，直到我告诉她："你看不出来吗，他根本不想谈这件事。他是和一个前女友去的，这叫我很难过。"拉里和我，我们在这个问题上有过一段艰难的考验期。

采访者：你有做过什么努力吗？

受访者：有的，就是去聊一聊，我们会就这件事谈很久

101

很久。我们俩都是那种非常了解自我感受的人，而且我们俩都对精神分析和心理治疗有着浓厚的兴趣。我们不仅谈了又谈，还会对这件事进行仔细的分析。所以，我们就只是谈论这件事，好好理解它，并且我让拉里一遍又一遍地告诉我，他爱的是我，他也不会为了其他女人而离开我。我想，我们俩都可以畅谈我们各自的感受，并学会去真正理解这些感受，正是这一事实才让我们共同渡过了难关。

这对受过高等教育的夫妇表现出了我所称的"情感能力"（在心理学理论中又被称作"智力"），即自我意识，这是一种能觉察到他人感受、谈论它们、共情彼此，并能为某个特定问题找到解决方案的能力。疗愈性语言和这对夫妇的情商是"真正的"文化资源宝库，这不是因为他们了解他们情感问题的"真实"本质，而是因为，他们可以调动共同的文化结构来理解那些棘手的情绪，并能通过引导出有关痛苦和自助的叙事来帮他们识别这些情绪，对其进行疏导，最后使之"奏效"。这样一来，他们又可以分享和利用这些信息来增进他们的亲密关系。

换言之，情感能力不仅是一种可以转化为社会资本或帮助人们在工作领域取得晋升优势的资本形式，它也是一种资源，能够帮助普通的中产阶级在私人领域获得寻常的幸福。让我们比较一下上面一例中受访者的回应与这里的工人阶级的回应，本例中的乔治是一名50岁的看门人：

受访者：……我的第二任［妻子］，是她离开了我，而不是我离开了她。我说过，我是离开了她，但我没有抛弃她。是她抛弃了我。有一天，凌晨两点钟，我下班回到家，发现她拿走了很多她不该拿走的东西，而且，她也没有提前告诉我一声。发现没，所以，我本来是想这么告诉她的。

采访者：所以，她事先没有告诉你一星半点，表明她可能要离开吗？

受访者：没有。她什么也没说。

采访者：那对于她的离开，你怎么看？

受访者：她走了。而她一点也没有告诉过我。这就是我唯一能想到的事情。［在采访后期继续说］从她离开之后……在我起初感到震惊之时，我其实并不是对她离去这件事感到震惊，而是……而是我对她所做的事情感到震惊，你明白吗？这才是最让我心烦意乱的事情。

采访者：她做了什么呢？

受访者：呃……呃……你知道的，呃……我的意思是指她的做事方式，她没有坐下来跟我好好说。她本来可以提前告诉我的。如果她能告诉我，我会感觉好很多。比如，要是她能说："乔治，呃……呃，我对现在的情况感到不满意，我打算搬走了。"我会喜欢她这样直截了当地告诉我，因为这就是我的做事方式。我曾经有好几次告诉她我不满意，呃，你明白吧……

采访者：那她听完之后，又是怎么对你说的呢？

103

受访者：我不知道。我不知道。

采访者：你不知道？那么，她不告诉你就搬了出去，这件事中，有什么是你难以接受的？

受访者：这让我觉得不能太信任女人，或者说，几乎不能相信任何人。因为，这真是一种很可怕的感觉。你想想，你每晚都和同一个人一起睡觉，然后突然有一天，你回家后，发现她走了。那种感觉，就像是"我让你随意进入我的房子，你却把我在这个世界上六十年的努力全部都摧毁了"。就像她那样离开，像她做的那样……我下班回到家，就像发现有人破门而入似的，她还把家里的很多东西都拿走了。那些都是我努力工作得来的东西，你大致明白我的意思了吧？那种感受真的是一种毁灭性的打击。你明白吧。我一生中只有过两次这种感受，只有两次遇到这种极大的震惊事件。除了这一次，还有一次是在医院。当时，我在厕所外面拿起花圈，他们告诉我，我妻子[i]出车祸死了。

这里，最引人注目的一点是，这个人对于妻子的离开根本无法给出任何理性的解释，也无法坦然接受妻子已离开他的痛苦。虽然他把妻子离去的这段经历看成是突如其来的震惊事件，但这还是给他带来了极大的痛苦和打击，这是因为他根本无法从中厘出头绪，看不清事情的因果关联。当放在一起比较时，上述两个

---

[i] 根据上下文语境，这里指的应是前妻，即乔治的第一任妻子。

例子就特别容易表明，心理疗愈式的沟通并不像社会建构主义者所认为的那样，是一种让我们"自律""自恋"或服膺于心理学家的利益的策略。相反，心理疗愈式的沟通"有利于"人们在发展成熟的现代社会中，对易变的自我和社会关系应付自如。心理疗愈式的沟通"有利于"人们构建不同的生平传记，这为协调个性与个人为其工作的机构提供了一种技术保障，以应对现代传记中所固有的断裂性矛盾。也许最重要的是，它也有助于稳固人们的自我定位和安全感，人的安全感正由于自我不断地被他人表现、评估和验证这一事实而变得愈加脆弱。正如理查德·桑内特[i]所言："我们所面临的问题是，在资本主义使我们随波逐流的情况下，如何整理并讲述我们的人生故事。"[58]

心理治疗模式如此普遍，这并不是（或者至少不仅仅是）因为它契合了许多不同群体和机构的利益，而是因为它调动了有能力的自我的文化图式，能帮助人们在发展成熟的现代性中，更好地整理混乱而复杂的社会关系。虽然我们的讨论一直在揭示心理学在各种机构中发挥作用的方式，但我们这些社会学家也不应该忽视心理学在私人问题中所起的作用。如果我们不希望心理学揭开我们身上的遮羞布，那么最终，我们应该重新对社会不公正现象进行批判。要想做到这一点，我们必须通过不断的探究，来了解具备一定的心理学知识对不同形式的自我进行了哪些分层。

---

[i] 理查德·桑内特（Richard Sennett，1943— ），美国社会学家，师从汉娜·阿伦特，是现代著名的公共领域研究专家，著有《匠人》《在一起》《公共人的衰落》等。

本章小结

在此，我想借用弗洛伊德而不是马克思的理论，来为本章做一个带有些许矛盾的总结。在他的《心理学入门讲座》(*Introductory Lectures*)中，弗洛伊德设想了一座分"地下室"和"一楼"的房子。看门人的女儿住在地下室，房东的女儿则住在一楼。[59] 弗洛伊德这样想象着，在两个女孩的早年生活中，她们一起玩起了性游戏。但是，弗洛伊德又告诉我们，她们各自的人生轨迹十分不同：看门人的女儿后来会安然无恙，她不太在意玩弄生殖器这种事——弗洛伊德甚至还臆想，她可能会成为一名成功的女演员，并最终跃升为一名贵族。相比之下，房东的女儿则很早就学会了要珍视女性贞洁以及节制性欲等观念，她认为她童年的性探索游戏有悖于这些观念，所以她会一直被内疚困扰，会患上神经官能症。她也不会结婚，而且鉴于弗洛伊德本人和他同时代人的偏见，我们会认为她最终过着大龄剩女的孤苦生活了此一生。因此，弗洛伊德认为，这两个女孩的社会命运与她们的心理发展不可分割。在这个例子中，是否患上神经官能症决定了这两个女人不同的社会发展轨迹。弗洛伊德指出，不同阶级的成员可以获得不同的——如果不是不平等的话——情感资源。因此，也可以这么说，下层阶级比中产阶级在情感上更具备优势，他们缺乏此类性压抑（sexual inhibition）机制，能免于患上神经官能症。在以上这个例子中，这一点就帮助看门人的女儿实现了向上的社会阶层流动。

关于人的社会成长和心理轨迹之间的关系，弗洛伊德提出了一个有趣又复杂的观点。他指出，情感和社会地位之间存在**一些**联系：一方面，阶级决定着情感；另一方面，情感同样有可能有无形却强大的作用，可以扰乱阶级的等级秩序，实现社会流动。弗洛伊德指出，中产阶级的情感道德性——它在资本主义工作领域起作用（因为人们必须学会放弃，并且要自我控制）——与成功的个人和情感发展不相容。弗洛伊德还告诉我们，中等及中上阶层对社会和经济领域的掌控，最终可能不仅不利于成就感和幸福感的达成，还会损害这些阶级的自我再造能力。

当然，我们也不必迷信弗洛伊德。我们大可怀疑，他这样做是为了引起中产阶级对于向下流动的恐惧，从而扩大他精神分析的诊治领域。然而，弗洛伊德的观点不乏一些非常有趣的社会学洞见，这尤其体现在他关于两种平行的标准的等级秩序的观点里。弗洛伊德认为，有一套标准的等级秩序在管控着物质和象征性物品，与此平行的是另一套情感的等级秩序，它可能会打乱甚至违背传统的特权等级秩序。但是，整件事中最具有讽刺性的一点是（如果你愿意这么看的话），虽然弗洛伊德所描绘的那一历史性时刻有可能出现，即由于看门人女儿情感的开放性，她也许可以成功，而房东的女儿可能会失败，但是，弗洛伊德和心理治疗理论还创造了另外一个世界。在这个世界中，房东的女儿会再一次获得比看门人的女儿更多的阶层优势。这些优势不仅体现在我们所熟知的传统社会经济上，还体现在情感上。因为，随着心理治疗精神慢慢地成为中产阶级工作场所的一种属性，它使男男女女都做好了充足的准备，以便自己能够处理各种矛盾、冲突和不确定性，这些矛盾、冲突和不确定性也成了当代传记和身份的基本固有的属性和内在的框架结构。[60] 现在，房东的女儿可能有一对精通心理学教育方法的父母，而她自己可能也接受了某种形式的心理治疗。因此，她获得了一些情感惯习，这些惯习使她在婚姻市场和经济市场的竞争中成功胜出。这个例子对我们理解一个人的情感生活及其社会阶层之间的关系存在着什么意义，目前还有待研究，但它确实表明，资本主义使我们都变成了卢梭式的复仇者，这不仅是因为情感领域的行为使个人身份被公开呈现和讲述，也不仅是因为情感已经成为社会分类的工具，还因为现在出现了一些新的关于情感健康的等级秩序，它被理解为一种可以在社会交往和特定历史情境中获得幸福和快乐的能力。

第三章 浪漫之网

---

i 本章内容是我和尼克·约翰（Nick John）共同撰写的。——作者注

导语

首先，让我们从媒体资源推荐开始谈起。曾经有部电影，它刚上映时非常受欢迎。这就是1998年诺拉·艾芙隆[i]执导的电影《电子情书》(*You've Got Mail*)。它讲述的是一位儿童书店老板凯瑟琳·凯利的故事。现实生活中，凯利有男朋友，但同时，她在网上与某人发展了一段柏拉图式的浪漫关系。凯利并不知道她的这位网友在现实中是谁，但我们作为观众都知道这对情侣的真实身份。因此，当大型书店巴恩斯＆诺布尔[ii]的老板乔·福克斯（汤姆·汉克斯饰）让凯瑟琳·凯利（梅格·瑞恩饰）的书店生意垮掉时，作为观众的我们都知道，这一对冤家实际上正是网上交好的那对浪漫恋人。于是，影片便按照"神经喜剧"(screwball comedy[iii])的类型而展开。整部电影讲述的就是两位主人公从一开始表现出的对彼此的厌恶，慢慢演变成了不自主的互相吸引，最终发展为对彼此爱意的屈服。真正让这部电影成为一部典型网络

---

[i] 诺拉·艾芙隆（Nora Ephron, 1941—2012），美国编剧、导演、制作人，代表作有《当哈利遇到莎莉》《西雅图夜未眠》等。

[ii] 巴恩斯＆诺布尔（Barnes and Noble），美国最大的连锁实体书店，简称巴诺书店或邦诺书店。

[iii] 也可译作疯狂喜剧、乖僻喜剧、疯癫喜剧、脱线喜剧等，这类喜剧的主角一般古怪、癫狂、行为奇异。Screwball在英语中可指代古怪且略带神经质的人。

浪漫喜剧的原因在于，当凯瑟琳·凯利面临着乔·福克斯（凯利被他吸引，我们观众也看得出来，她喜欢他）还是她的网络恋人的选择时，她毫不犹豫地选择了后者（她并不知道其实他们俩是同一个人）。当然，当凯利发现她的网络恋人就是使她在现实生活中不自主地被吸引的那个人时，电影也以大团圆结局。这一切想表达的观点简单明了：在电影中，人们的网络自我似乎远比其社会公共自我要更真实、更诚恳，也更富有同理心。当然，网络自我也更容易被对他人的恐惧、防御心理和骗术所支配。在网络恋情中，双方都可以向对方袒露他们隐藏的弱点，表现出真正的慷慨。与网络恋情相反，在"现实生活"中，乔·福克斯和凯瑟琳都向对方展示了他们各自自我中最糟糕的——大概也是虚假的——一面。

从表面上来看，这是颇令人惊讶的。正如一位互联网研究人员所发问："在这个看似无生命和非个人化的全球计算机帝国中……怎么［可能］会有浪漫的私人化的人际关系存在呢？"[1] 电影给出的答案很简单：网络恋情之所以会如此无可争议地优于现实生活中的恋爱关系，是因为网络恋情废除了身体，它能够让人们更加充分地表达真实的自我。很明显，互联网被呈现为一种抽象化的技术，从某种意义上说，这种抽象化也是积极的。这部电影依赖于这样一种理念：当跳出现实中肢体互动的约束，自我会更好地展现、更加真实。这一想法又与"围绕计算机技术的关键性乌托邦话语"相一致，该话语的中心观点是，"计算机为人类提供了一种逃离身体束缚的可能……在计算机文化中，具身化

（embodiment）常常被视为享受与计算机互动乐趣的一大不利障碍……在网络写作（cyber-writing）中，构成'真实'自我的是活跃的思维，而身体通常被称为'肉'，是层层裹住活跃思维的僵死之肉"。[2]

于是，在这种观点中，身体——或者更确切地来说，是身体的缺席——使得情感能够从更真实的自我中演变，并流向一个更有价值的对象，即另一个抽象化的真实自我。然而，要真是这样的话，从情感社会学的角度来看，这大概又会带来另一个特殊的问题。一般来说，情感——特别是浪漫爱情中的情感——都是植根于身体的。例如，手心出汗、心跳加速、双颊绯红、十指相扣、紧握拳头、流泪不止、说话结巴等，都是一些常见的例子。它们是身体深度参与人们的情感体验——尤其是爱情体验——的一些表现方式。如果真如前述所说，互联网取消了身体或者说隐匿了身体，那么，它是如何塑造——如果它完全可以塑造的话——情感的呢？或者更准确地来说，互联网技术又是如何重新表述肉体和情感之间的关系的呢？

浪漫化的网络

互联网交友现已成为非常受欢迎且高盈利性的行业。截至 1999 年的数据显示，在美国，每 12 个成年单身人士中就有 1 人使用过相亲网站。[3] 早在 1995 年就成立的美国在线相亲网"百合姻缘网"（Match.com）声称，它拥有超过 500 万的注册用户，如今，它更是鼓吹每天都会产生 1200 万次的访问量。[4] 确切的数据并不容易获得，但可以肯定的是，仅在美国，每个月就有 2000 万到 4000 万的人在浏览在线交友网站，[5] 其中包括超过 100 万的 65 岁以上的人。[6] 这类套餐的花费大约为每月 25 美元，所以，在线交友是一项有利可图的商机。事实上，截至 2002 年第三季度，在线交友网站已成为占比最大的在线付费类项目，当年的收入超过 3 亿美元。在互联网经济蓬勃发展的大背景下，在线交友网站及其广告公司是互联网上最赚钱的公司，在 2002 年第三季度，它们的收入达 8700 万美元，比上一年同期增长了 387%。[7]

在本章中，我最为感兴趣的，是那些声称可以帮人们找到长期稳定关系的交友网站，而不是那些明显具有性交易倾向的网站。原因很显然，真正令我感兴趣的是技术和情感之间的关联及如何对其进行表述。[8]

网络相识

人的自我如何与互联网交友网站产生互动呢？人们实际上是如何认识网络上虚拟的他人的？许多交友网站都会让客户填写一份名为"个人首页"的调查问卷，以便他们能够访问海量的潜在伴侣。正如某个交友网站所宣扬的那样，"这么做是为了帮你找到更好的情感匹配之人，而不仅仅是外表上的匹配"。[9]例如，在非常受欢迎的"一生和谐网"（eHarmony.com）——也是用户增长速度最快的交友网站，那份有助于建立个人首页档案的调查问卷不仅由心理学家设计，还获得过专利。换句话说，互联网技术其实是基于对心理学范畴及其假设的大量运用，比如关于人们如何理解自我，如何通过情感兼容能力来组织社交关系等。因此，"一生和谐网"宣扬，它不同于"任何你以前所注册过的交友网站……我们的个人首页……会帮助……你更了解自己和你的理想型伴侣，这样一来，我们就可以为你匹配到高度契合的单身人士"。这个网站由一名临床心理学家尼尔·克拉克·沃伦（Neil Clark Warren）所创立，沃伦声称他已发现相关的科学证据，能够成功地为人们预测相亲匹配后是否可以顺利地步入婚姻（例如性格、生活方式、情感健康、愤怒情绪的管理、有无激情等）。一旦你回答了近 500 个问题，你就可以充值成为会员，并开启网络搜索功能，找到那些与自己首页资料适配的他人档案。因此，

"个人首页"就是互联网上的另一个你。正是你的这份心理档案将与那些有可能与你适配的人的心理档案相匹配。

因此,为了遇到网络上虚拟的他者,自我也需要经历一系列的步骤,即反思性的自我观察、内省、自我定位以及描述自己的品位和观点。例如,"百合姻缘网"让人们通过以下几个可能的栏目来塑造自己。"个人外貌"部分包括对眼睛(有8种可选项来描述眼睛的颜色)、头发(有13种可选项,例如"扎辫子""毛寸头""大波浪"和"爆炸卷",等等)、文身等的详细描述,以及一个建议填写的类别,上面写着:"毛遂自荐一下吧!你最好看的地方是哪里?"(例如,肚脐眼、腿、嘴唇,等等)。第二个栏目是"我的爱好",里面常见的小标题有:"你平时进行什么娱乐活动?""你最喜欢的旅游景点是哪里?""你最喜欢的东西是什么?""你觉得自己的幽默感如何?"以及"你喜欢什么类型的运动和健身项目?"。或者,上面还有一个部分写着:"你最想跟别人分享的爱好是什么?"关于生活方式的介绍部分里,有对一系列问题的详尽描绘,包括饮食、日常锻炼、是否吸烟、饮酒方式、是否有孩子或者是否会要孩子、是否喜欢各类宠物——如猫、狗、鸟、鱼,或奇异的宠物,像跳蚤、沙鼠等。有一个部分关于个人"价值观",上面会提供一份详细的调查问卷,询问个人的宗教信仰和宗教实践,以及个人的政治信仰。还有一部分关于个人心目中理想型的伴侣(这里会问一些关于自己对外貌、教育背景、宗教信仰、政治立场、吸烟和饮酒习惯等方面的要求的问题)。此外,你还可以找到诸如"什么事会特别吸引你或让你反感"这样的问题（可选项包括"打脐洞等身体装饰""长头发""性感""多金""暴脾气"或"有权有势"，等等）。

简而言之，在交友网站上，人们既可以客观地描绘自己，又能够——当然，是在想象中——召唤和刻画自己的理想型（爱情、伴侣或者理想的生活方式）。这种自我展示和寻找伴侣的过程，至少在三个方面完全依赖于心理疗愈理论。首先，自我是构建的，自我可以被拆分为品位、观念、性格和气质等各不相同的部分，这样一来，在心理和情感相容的思想和意识形态的基础上，人们就会与另外一个人相识。这样的相识需要人们进行大量的内省工作，以及需要人们具备一定的表达能力，能够表述自己的内心想法，洞悉他人内心的真实需求。

其次，就像脱口秀和互助小组等其他心理学的文化实践形式一样，互联网通过发布用户的个人资料，将私人的自我转化成了一种公开表演。更确切地说，互联网使得私人自我可视化，并将其公开展示给一群抽象和匿名的观众。然而，观众并不是公众（就哈贝马斯对"公众"这一词的定义而言），而是一群私人自我的集合。所以，在网络上，**私人的心理自我**便成了一种公开表演。

最后，像许多心理学理论一样，互联网有助于实现主体性的文本化（如我在第一章中所讨论的），即一种自我的理解模式，在其中，自我通过视觉的表征和语言等手段被外化和客观化。

这反过来又产生了四个明显的结果。第一个结果是，为了遇见心仪的人，人们会特别关注自己，关注自身的感受，关注自己的理想型自我以及他人的理想型自我。因此，我们也可以说，交友网站强化了一个人的独特感。第二个结果是，传统的浪漫爱情的互动顺序发生了颠倒：如果说在传统的浪漫关系中，吸引力通常要先于对另一个人的了解，那么在网络交友中，了解是先于吸引力而发生的。或者说，浪漫关系在发展成线下实际的交友和产生基本的印象之前，至少双方对彼此是有所了解的。[10] 在当前这种互联网交友的情境下，个人首先作为一组属性而被人了解，接着，只有在——以循序渐进的节奏——经历初步了解之后，他们才会想要接触线下真实生活中的彼此。

　　第三个结果是，网络上的相识是基于一种自由"选择"的意识形态来组织的。就这方面而言，我不知道还有哪种技术会比互联网技术更为激进，它以前所未有的极端方式将自我定位为"拣选者"（chooser），并传递了这样一种思想：浪漫的邂逅理应是进行了最佳选择与通约的结果。也就是说，网络上的虚拟相识实际上是在市场结构中组织的。

　　最后一个结果是，每个意欲寻找另一半的人，都被互联网置于与他人公开竞争的市场中。当你注册某一网络交友平台时，你便立即处于一种竞争状态。实际上，你也可以看到其他竞争者的信息。因此，互联网技术在定位自我上显示出一种矛盾性：一方面，它使人们变得更加内省，也就是说，它要求人们专注于自身，以便更好地把握和交流关于自我的独特本质，并通过品位、观点、想象和情感兼容能力表现出来；另一方面，互联网使自我成了可供公开展览的商品。通过互联网来寻觅另一半，是一个既主观又客观的过程，它既带有强烈的主观主义（一定的心理学色彩），又是对网络相识进行客体化呈现的结果，这主要是通过互联网技术和婚恋市场的结构来运作的。于是，这就使得互联网交友与传统的爱情模式有着重大的差异。这些差异正是接下来我想探讨的内容。

本体论式的自我展示

沃伦·苏斯曼（Warren Susman）将20世纪初叶视为一个转折点，他认为，此时的自我协商与呈现方式相比以往发生了重大的转变。苏斯曼认为，"个性"（personality）与"品格"（character）有所不同，为了给他人留下一个好印象或是便于自身形象的管理，自我——有史以来第一次——成了某种可以被组装和操纵的东西。在苏斯曼看来，在强调刻意的自我管理和形象塑造以便取悦和吸引他人方面，消费文化和时尚产业都功不可没。这标志着20世纪的自我与19世纪的自我相比，发生了一个重大的变化。19世纪的自我不那么支离破碎，也不那么受制于特定语境的操纵，因为它是作为一个整体性的性格概念而被塑造的。

从表面上来看，互联网帮助人们获得了更灵活、开放和多元的自我，它成了后现代自我的典型化身，因为它使自我变得有趣、富于创造性，甚至在操纵有关自我的信息方面带有些许欺骗性。

然而，我所讨论的交友网站与互联网的后现代用途还有所区别，这是因为它们通过一些关于自我的心理学技术使自我了解其自身。事实上，后现代自我主要就体现在对人的身体、言语模式、举止和着装等方面有意识的操纵。在互联网上以及由互联网技术所呈现的自我展示，则有着不同的表现，因为它全部是由语言——更具体地说，是由书面语言——组成的，并且它不是面向特定的、具体的他人，而是面向未知的、抽象的一般观众。换句话说，后现代自我的自我呈现工作预设着这样一个前提，它需要人们有能力对不同的社会环境产生敏锐的嗅觉，并能在其中应付自如，扮演不同的角色。然而，在交友网站上，自我展示反而具有相反的特征：它预设了一个向内自省的过程，它让人们得以直面他们最坚实的自我感（比如，我是谁？我想要什么？）；它是通用的，也是标准化的（人们通过对一份标准问卷的回答来展示自己）。网络交友平台上的个人简介是为了提供关于人们自身的真实情况，无论其观众是谁，它都不会随着不同的语境或随着浏览的不同的人而发生改变。网络上人们的自我呈现一般与其实际中的社会表现相去甚远，而且不论是在视觉效果上，还是在语言表述上，人们的自我展示都不是为了某个具体的、特定的人，它的目标对象是一般化的、抽象的观众。

后现代自我是没有核心本质的自我，它只是一系列待扮演的角色。心理学和互联网技术结盟而制造出来的这一自我，是"本体"意义上的，因为它假设有一个永久的核心自我，人们可以通过多种展示方式（如调查问卷、照片展示、电子邮件等）来把握它。互联网技术复仇式地再次挑起了旧有的笛卡尔式的身心二元论，只不过现在，思想和身份唯一真正的所在地是在心灵中。拥有一个网络自我就是拥有笛卡尔式的"我思"，人们从其个人意识之墙的内部来观察这个世界，并通过此种观察参与到这个世界中。

然而，颇具讽刺意味的是，在网络自我的这种展示过程中，外貌获得了一种全新的、甚至是更为强大的地位。通常，人们会在个人首页放一张个人照片。

尽管互联网带有去具象化的特点，美与身体却一直存在。只不过现在，它们已成为凝结、固定的图像，将身体"冰封"在了照片的永恒存在之中。由于处于竞争激烈的婚恋市场，除这张照片之外，还存在着无数张类似的照片。所以，交友网站会促使人们投入巨大的身体自我改造的实践。因为实际上，网络上的照片即代表这个人，这便导致许多人大幅度地去改变外貌。例如，我们有一位20岁的女性受访者西加尔，她表示，由于使用了相亲网站，她瘦了20公斤，因为她意识到，照片在人们初次的相亲选择上极其重要。让我再举一例。加利亚是一名30岁的广告主管，她说："今年夏天，我想更新一下我的首页资料，所以我去找我姐姐商量，她对这类事情一向很在行。她说她会帮助我提升外貌形象。最后，我去理发店换了个发型，减了一些体重，买了副新眼镜，重新上传了我的个人照片。"

在通过照片展示自己的过程中，个人实际上也被置于展示外貌的模特或演员的位置。也就是说，处在这种位置上时，（1）人们对自己的外貌极为敏感，（2）身体是社交价值和经济价值的主要来源，（3）人们通过身体与他人竞争，（4）人们的身体和外貌被公开展示。这让我想起阿多诺[i]和霍克海默[ii]在《启蒙辩证法》

---

[i] 西奥多·阿多诺（Theodor Adorno，1903—1969），德国哲学家、音乐理论家、社会学家，为法兰克福学派第一代主要代表人物，代表著作有《启蒙辩证法》（与霍克海默合著）、《否定辩证法》等。

[ii] 马克斯·霍克海默（Max Horkheimer，1895—1973），法兰克福学派创始人，德国第一位社会哲学教授。他提出要恢复马克思主义的批判性，对现代资本主义从哲学、社会学、经济学、心理学等方面进行研究批判，著有《真理问题》《批判的理论》以及与阿多诺合著的《启蒙辩证法》等。

(*Dialectic of Enlightenment*)一书行将结尾之际所作的一个脚注,他们提出了一个与本讨论类似的反思性感悟。在讨论当代文化时,他们声称:"人们在蔑视和拒斥身体并将其视为劣等之物的同时,又渴望拥有它,就像人们对待某种禁忌、客体化和异化的东西似的。"[11]

个人首页中的语言描述使一个人处于与他人激烈竞争的境地。要想脱颖而出,就要打破首页资料的千篇一律性。下面是体现这种单一性的一个例子。个人简介编辑框中的内容一般总结了这个人最为私密的自我(一般就在用户的照片旁边)。我大约浏览了100个这样的编辑框中的内容。令人惊讶的是,大多数人用来描述自己的词都是些雷同的形容词。例如,"我是个有趣、外向、自信的女人"或"我可爱、有趣,新近才单身""我外向、充满活力、为人风趣""我很有趣、喜爱探险""好吧,我要开始描述自己了,我很有趣、诙谐幽默、身材娇小、棕色头发、棕色眼睛、偶尔狂热""我是个有魅力、乐观、有趣的39岁女人,很会照顾自己所爱之人""哦,天哪——我还能说些什么呢——我是个有趣、有爱的乐天派,无可救药的浪漫主义者"。我想,这些雷同的自我描述产生的原因并不神秘:描述自己的过程势必会受到人们理想型人格的文化范式的影响。当以一种抽象的方式向他人介绍自己时,人们往往会使用一些惯例,他们会把那些用来描述理想型人格的个性词语套用到自己身上。具有讽刺意味的是,使用书面语言来进行自我展示,反而造成了描述上的单一性、标准化和物化(reification)。我说这"具有讽刺意味",是因为当人们在填写这些问卷时，他们其实是为了体验自身，并向他人展示自己的独特性。

关于这个问题，一些约会指南手册的作者看得更为清楚。例如：

> 无论你是男是女，如果你听起来和其他人没什么区别，那就很难有人想要联系你。你想想，要是一个男人写的只是，他想找一个"善良、聪明、有趣、体贴、浪漫、性感和健美"的女人时，你该如何开始与他攀谈呢？好吧，我想你也许会过去打招呼说："嗨，你好！我善良、聪明、有趣、体贴、浪漫、性感又健美。我觉得我们会是完美匹配的一对。"真的是这样吗？我不敢苟同。[12]

这里要解决的问题是，当人们通过语言来展示自我时，自我呈现往往会显得千篇一律。互联网导致了物化，这不是指马克思主义意义上的物化，而是指它使人们将自己和他人都视为空泛的语言范畴，它把抽象的概念当作真实的事物。这也与卢卡奇[i]对物化的定义相契合，卢卡奇认为："人与人之间的关系具有物的特性，因此它便获得了一种'幽灵般的对象性'（phantom objectivity），这是一种看似格外理性且面面俱到的自主性，以至于它完全掩盖

---

[i] 格奥尔格·卢卡奇（György Lukács，1885—1971），匈牙利著名哲学家、文学批评家，他开启了西方马克思主义思潮，被誉为西方马克思主义的创始人，著有《历史和阶级意识》等。

了人与人之间关系的本质属性。"[13]事实上，这种虚幻的客体性，也一直像幽灵一样笼罩着交友网站，它将自我归入种种语言的标签下，并将社会互动归入互联网技术之下。

总而言之，最成功的个人首页档案势必符合心理学，能从成堆同质的、写着"我有趣而诙谐"的标签中脱颖而出。照片栏的要求则正好相反，它要求个人符合人们公认的美丽和健康的既定标准。因此，那些在网络交友中最受欢迎的人，必定是那些在语言描述上具有创新性，外貌又符合传统审美规范的人。

标准化和重复

网络上的自我展示深受同质化和标准化等问题的困扰。不仅如此，浪漫邂逅本身也面临着许多相似的问题。这些问题首先在于，当人们在定义理想伴侣的特点时，一般会出现一长串符合其描述的潜在的候选对象。尽管存在许多不同的评价标准，但它们毕竟是有限的。此外，几家大型婚恋网站一直引以为傲的是，它们拥有庞大的客户数据库，所以不足为奇的是，哪怕一次普通搜索，通常也会出现大量的潜在候选对象。例如，如果你想找的对象年龄在35岁以下、具有本科学历、金发、偏瘦、不吸烟，那么毫无疑问，会有大量的人符合你的这番描述。

大量的社交互动使人们掌握了一套相对标准化的管理技术，而且，线上和线下的会面也具有高度的相似性。这里，我们举阿尔忒弥斯为例，她是一位33岁的女性，已经使用网络交友六年了。阿尔忒弥斯是一名技术翻译，通常会居家办公。她平时工作使用电脑，由于居家，她实际上有充足的时间来管理网站上大量对她的个人档案感兴趣的异性资源。她的个人资料页显示，她已经被人访问过26347次，正如她在博客中所言："我的个人资料页不断地被人访问，我也一直在浏览其他人的首页资料。"为了管理好大量的虚拟网友，她将这些人的资料汇编成档、储存在电脑上，并为每个人创建不同的文件夹。否则，如她所说，"那就

126

太容易混淆了"。网络上的互动量如此之大,以至于网站本身也开发了相关的技术和标记,旨在帮助用户更好地应对大批量符合自己筛选条件的人,例如,网页上会标注最受欢迎人气榜单、明星嘉宾、惹人喜爱的人和斩获最多喜爱的人,甚至还有个叫作"身材火辣"的小火苗按钮。人气的数字定律在这里至关重要,它似乎已经显著改变了浪漫爱情的发展路径。就像20世纪初经济生产领域面临的生产效率问题一样,现在,人们想要进入恋爱关系所面临的主要问题是,如何处理数量庞大的潜在对象,以及如何应对浪漫关系变得更为快速的"发生"、交换和消费。例如,由于互动量巨大,许多用户会向所有他们感兴趣的人发送完全相同的标准化信息,这就使得整个网络交友过程很像那种电话营销。某本网上约会指南手册中还有这么一个例子:"亚历克斯甚至携带一张名单,上面写着对方的家乡、职业和大学排名等,这样一来,他就可以在决定回电话之前好好复习一下对方的资料细节了。"[14]

由于网络会面的次数多、频率高,这些网上聊天和会面便不可避免地呈现出似乎提前写好了脚本的特征。许多受访者表示,在网上交友的整个过程中,他们一遍又一遍地问着同样的问题,讲着同样的笑话。我们之前提到过的阿尔忒弥斯女士,她在自己的博客中曾这样描述那些会面:

> 我太了解这些相亲仪式了。首先,事实上,我几乎配备了一套专门的相亲"制服"。当然,衣服也会根据约会的进

展而有所变化——每个阶段和季节都有适合它们的服装。通常，我更喜欢穿牛仔裤搭配一件漂亮的衬衫。我觉得这样搭配比较好，无论是从穿着搭配来讲，还是从我自己感到舒适放松这一点来说……在大多数情况下，我不抱有任何期待，所以也就**不会感到特别兴奋**。因为我确切地知道接下来会发生什么。

网络交友的互动数量十分庞大，而行动者所依赖的姿态和语言却很有限。当人们习惯性地重复可用的一切时，他们很快就会感到厌倦，并会带着清醒的自我意识去看待由于举止和语言的重复而凸显出来的反讽性。这是因为，在我们历来对浪漫爱情的体验中，大部分的爱情魔力都与对象资源的稀缺性有关，正所谓物以稀为贵，这种稀缺性反过来会带来惊喜与兴奋。

相较之下，宰制当下互联网的是过剩的经济体系、过多的可选项，这就使得自我必须进行选择，并且是进行最优化的选择。于是，人们不得不使用那些计算成本效益和效率的技术。这在交友网站中再明显不过了，从近来出现的一种称为"速配"（speed-matching）的网络交友形式中也可以看出来。"百合姻缘网"是这样来宣传它的"速配"功能的："在线速配是一种新的、令人兴奋的交友方式，你可以在家中、办公室或在随身携带笔记本电脑的任何时刻，与本地的单身人士进行在线约会。在进行四分钟的电话连线之前，你将会看到每个约会对象的照片和首页资料。"人们还能够从有固定的时间安排的网络约会列表中自由地选择时间。例如,你可以选10月6日星期日的6点钟。这些会面实际上与其各自的利基市场相对应,例如,此类网络会面打上的标签常有"犹太教单身人士""有婚姻意向人士""天主教单身人士""新近离异人士""旅行爱好者""户外活动爱好者""健身达人",等等。一旦选择了其中一个利基市场,你就可以登记,在选定的日期和时间里与六个人进行每人四分钟的交谈。这时候,计算机会尽可能地模拟实时的人际交互场景,让人们可以一边看着附在一旁的对方照片,一边通过语音和对方连线交谈。当你与某人交谈时,电脑屏幕上会显示一个正在滴答计时的时钟。四分钟时间一到,你们的交谈就会被自动切断。这时候,你就需要填写一张"计分卡",卡片上有三个选项,分别是"喜欢""无感"或"可以试试"。然后,以此类推,你将接着和下一个约会对象进行连线交谈,直至完成此次网络交友中的六场虚拟约会。

速配功能的应运而生是网络用户交友意愿的显著体现,即最大化地利用时间和提高相亲效率,精准地定位目标人群,并将交流互动缩小至有限、较短的时间之内。这就完美地诠释了本·阿格尔[i]所说的"快餐式资本主义"(fast capitalism),它有两个特点:第一,资本主义技术倾向于压缩时间来增加经济效率;第二,资本主义有混淆公私边界之嫌,它剥夺了人们的私人空间和时间。

---

[i] 本·阿格尔(Ben Agger,1952—2015),加拿大著名学者、哲学家,生态学马克思主义的代表人物,著有《西方马克思主义概论》等。

在快餐式资本主义中，随着技术和商品在时间和空间上的统治，这两个特征也越发紧密地交织在一起。[15]

互联网技术融合了两种主要的文化逻辑，或者说，两种找寻自我的方式：心理学和消费主义。互联网利用并依赖着消费主义和心理学的文化逻辑，刺激了人们想为自己找到最佳（从经济和心理上而言）交易的需求。更确切地说，心理学范畴帮助人们将浪漫的邂逅整合到日益缩小、起决定作用和提升品位的消费主义逻辑之中。在这里，消费主义帮助人们提升他们想要获得的（浪漫）爱情交易的质量。正如一本网络交友指南所说："你的经验越多，你的品位就越精致，你愿意考虑的人也就变得越少。"[16] 我们之前讨论过的阿尔忒弥斯女士，就是这样一个典型的例子。"我正在寻找某个人，寻找某种不存在但又非常非常具体的东西。我想他应该是个才华横溢的人，大概主要从事科学领域。我可以在男士的卡片和短信中看到一些符合条件的人。但是，他们也必须以书面形式来证明自己。"与消费文化的逻辑一致，互联网技术支持甚至鼓励人们追求品位的日益规范化和精致化。与固定的需求相反，精致的品位在本质上是不稳定的，即使是最美味的食物，也总有吃腻的一天。而在约会领域，精致化的过程还有一个重要的内涵：寻找另一半的过程本质上是不稳定的——精致化正是人们提高自身在相亲市场中地位的方式。

让我再举两个例子。第一个例子是关于布鲁斯的，他是一名计算机软件开发师，41岁，生活在纽约：

采访者：在浏览那些你可能感兴趣的人的个人资料页时，你究竟是如何决定要与某人取得联系的呢？我的意思是，假设你正在浏览一位女性的个人资料页，她很好看，但是她没有从事你所期待的工作或拥有让你满意的学历，你会怎么选呢？你还会和她联系吗？

布鲁斯：不会联系。毕竟有那么多人可选，正如我之前说过的，几乎有无限的选择，那么……呃……又何必自寻苦恼呢？所以，我只会与那些完全符合我择偶要求的人联系。

我想举的第二个例子来自艾维，他是一名27岁的以色列计算机程序员。他已经使用交友网站好几年了，但在使用这么长时间之后，他对它越来越失望。他声称，网络交友的问题就在于，人们强烈渴望的人都是那些"在他们自身层次之上的人"，即远比他们自身条件优越得多的人。人们并不满足于找到与他们条件相当的另一半。但是，正因为人们近在咫尺地看到如此多高出他们自身条件的人，并且互联网也给了他们一种幻觉，以为这些优秀的人唾手可得，他们才会渴慕这些条件优越的人，而不是那些与他们相当的人。艾维还补充道，如果有女士对他感兴趣，那会让该女士自然变成他所怀疑的对象，他也就失去了对她的兴趣和欲望。他说，这是因为他能由此推断，自己是在她的求偶层次之上的。艾维想指出的是，人们会寻找他们可以获得的最大价值，在这一过程中，他们也会提高自身的品位。实际上，人们会拒绝妥协，不满足于那些他们认为总是还可以提升的相亲交易。互联网以一种前所未有的方式促成了这样一个权衡交易的相亲过程，原因很简单：相亲市场中的人作为潜在对象对所有人都是可见的。在现实世界中，相亲市场中的人仍然是虚拟的——他们不可见，只是预设的机会和潜在的可能性；而在网络上，相亲市场是真实的、绝对的，而不是虚拟的，因为互联网用户可以直接看见网络相亲市场中的潜在对象。

有趣的是，大多数互联网用户并没有忘记网络交友将邂逅变成经济交易这一事实。在网上进行互动交流之后，一般会有线下的会面，而此时经济隐喻和类比都已经广泛存在。我在以色列和美国开展的各项采访中，大多数人——如果不是全部的话——都会提到，与某人线下会面需要他们"推销自己"，要表现得好像在面试中那样，他们会交替成为面试者和提问者。例如，加利亚曾这样说道：

  采访者：你使用过它［交友网站］吗？
  加利亚：不幸的是，我用过。
  采访者：听起来，你好像不太喜欢它。
  加利亚：不，不，我并不是不喜欢相亲网站。我是受不了网上约会。你看，我是一个非常善于交际和外向之人。我一点也不介意与人交谈。但在这里，你好像真的是在推销似的，你必须尽可能以最佳方式来展示自己，你还必须快速进入双方互动的过程，以便了解对方的情况。你必须以最好的方式来推销自己，而你甚至都不知道对方是谁，也不知道谁是自己的理想受众。

采访者：你说的"推销"，是什么意思呢？

加利亚：简单来说，你必须"卖掉"自己。我做这件事没问题，但不得不这样去做这一事实让我困扰。因为这种网络会面聊天的唯一目的就是，"我们还想继续会面吗"？是以恋人的身份进行吗？

采访者：你一般会如何推销自己？

加利亚：我基本上是一个非常真诚的人。但是，[当我在参加这些网络相亲时]我会常常面带微笑，表现得特别友好，我一般不表达任何极端的观点，尽管一般而言，我的观点很极端，而且我是一个极端主义者。

采访者：那么，你为什么不享受这个网络交友过程呢？

加利亚：我想，我错过了约会这件事中的一个关键因素。我真的不喜欢这种约会，所有这些相亲式的网络约会，在99%的情况下，我一点也不觉得享受。我之所以这样约会，是因为我真的很想见见其他人，也因为我厌倦了一直单身的状态。但我也厌倦了要一下子认识这么多人，厌倦了讲述同样的笑话、重复同样的问题，脸上还要挂上标准式的微笑。

这里出现了一些新的东西值得我们关注。互联网将寻求伴侣这一过程构建成了一个市场，或者更准确地说，它正式将寻求伴侣这件事变成了一种经济交易行为：互联网将自我转换包装成了商品，并在受供求关系控制的开放市场上与他人展开竞争。互联网使人们的相遇变成了一组或多或少受固定偏好影响的选择结果；它使寻求伴侣的过程变成了一种关乎效率的问题；它将网络相识构建成了某种利基市场；它为个人资料（资料即代表个人本身）附加了（或多或少）固定的经济价值，并让人们对自己在这种结构化的市场中的价值感到焦虑，从而渴望提高自身在相亲市场中的地位。最后，它使人们高度意识到进行网络搜索所需花费的成本，无论是从时间方面，还是从最终的搜索结果来看，人们都希望寻找到能最大限度地满足自己的理想伴侣特点的恋人。我的受访者们，大都清晰地——尽管有些人是隐约地——感受到了这种相亲搜索的特征。事实上，有一点你一定注意到了，那就是在我迄今为止所引用的采访案例中，受访者们都表达出了某种厌倦和愤世嫉俗的心理，这种愤世嫉俗往往也是许多其他受访者的主要叙述口吻。按照哲学家斯坦利·卡维尔提出的观点，我会认为，叙述口吻非常关键，因为它表明了人们在体验中的整体性情感架构。这种愤世嫉俗标志着现代网络爱情对于传统的浪漫主义文化的彻底背离。此外，这也是网络交友程序的常规化所导致的一种结果，这种常规化是由于网络上有大批量可以相遇的人，而且，市场性的结构及文化遍布网络交友的方方面面。愤世嫉俗是一种特殊的情感结构，它兴起于意识和行动领域，特别是在晚期资本主义社会中发挥着重要作用。我认为，这种愤世嫉俗正是阿多诺曾提到过的那种。他指出，在当代文化中，消费者会感到自己是被迫去购买和使用某种广告产品的，尽管在购买时他们业已**看穿**这一营销策略。阿多诺告诉我们，看穿和继续服从购买，正是晚期资本主义社会中消费品运作的主要模式。人们看透了某件事却又不得不一遍遍去做这件事时，就有可能会使用这种愤世嫉俗的口吻。即使"看穿"了一切，还是有想"去做"的强迫性冲动，这便表明了一个事实，借用齐泽克的话来说："幻觉不是由知识造成的，而是由人们正在做什么造成的，幻觉已经成了现实本身的问题。"[17]

因此在这里，我们就彻底背离了那种在19世纪和20世纪中出现的典型爱情和浪漫主义文化。舒尔曼斯（Schurmans）和多米尼克（Dominicé）曾对150人进行过一项深度采访，主要调查人们对"一见钟情"[18]这种文化概念的理解。其研究结果显示，一见钟情的体验（法语中叫作"le coup de foudre"，字面意思是"被雷击中"）有一些反复出现的特征：它是对独特事件的一种体验，它在人的生命中总是猛烈而又突如其来地爆发；它不可解释，是非理性的；它在人们第一次相遇之后便立即生效。因此，我也许可以补充一点，一见钟情不是基于对对方产生任何认知上的累积性了解。一见钟情会干扰到人们的日常生活，并会引起灵魂深处的躁动不安。这里所使用的类比是热、磁场、雷、电等。所有这些都表明，一见钟情是一种压倒一切的强大力量。我认为，互联网技术便标志着对这种浪漫爱情传统的彻底背离。

首先，浪漫爱情是一种自发的意识形态，而互联网使人们以一种理性的模式来选择伴侣，这就与传统的爱情观念完全相反。

传统的爱情观认为，爱情是某种意料之外的顿悟，它在人们生命中的出现就像火山爆发一样，是不以个人的意志和理性为转移的。其次，传统的浪漫爱情始终与性吸引密切相关——通常情况是，彼此能看见的两个真实的、具有物质实体的人，他们的身体互相吸引——而互联网则基于无实体的文本来互动。这样一来，在互联网上，无论是在时间上还是在方法上，理性考量的搜索都先于传统的身体吸引。再次，浪漫爱情以无功利性为前提，即工具行为领域与情绪和情感领域会截然分开，而互联网技术使浪漫互动变得越来越工具化，它让人们在结构化的市场中重视自己和他人的"价值"。爱情本是非理性的，这就意味着，人不需要认知或经验性知识来确认他所遇见的是否就是命中注定的唯一。另外，不管是从时间上还是从重要性上而言，互联网使人们对他人认知性知识的获取都先于自己的情感生发。最后，在浪漫爱情的传统观念中，人们常常会觉得，自己所爱之人独一无二。主导浪漫激情的是稀缺理论，而排他性在其中至关重要。而互联网，如果说有某种精神，那就是它的充裕性和可互换性。这是因为，网络交友将大众消费的基本原则引入了浪漫邂逅的领域，这些原则包括丰富的市场资源、无限的选择、高效率、理性化、精准选择和标准化。

很明显，我们正在见证浪漫情感的重大转变。与我在《消费浪漫乌托邦》[i]（*Consuming the Romantic Utopia*）一书中所描绘的情

---

[i] 伊娃·易洛思的这本书初版于1997年，与本书英文初版（2007年）相隔十年。

况相比，这里甚至发生了质的改变。在那本书中，我详细描述了一种情况，即消费资本主义加速而非摧毁了浪漫爱情的关键性体验。对"玩乐"的渴望、想体验新形式的性自由以及寻求情感亲密关系的愿望在休闲产业中也系统性地一起运作着。它们甚至发展到了很难将浪漫爱情的感受从消费体验中分离出来的地步。因此，正如我在那本书里所论证的，我们并不能推定，是商品领域贬低了情感领域的价值。而我在此处所描述的情况，在性质上已有所不同。浪漫恋爱的关系不仅在市场中被组织起来，而且它已经成为流水线上生产的商品，可以快速、高效、廉价且大批量地被人们消费。其结果便是，有关情感的语汇现在更完全地由市场来支配。

从某种程度上来说，交友网站的设计者们已经阅读并从字面意义上应用了批判理论家——例如阿多诺或霍克海默——对幻灭和忧郁的诊断。理性化、工具化、全面监管、物化、拜物教、商品化以及海德格尔[i]式的"集置/框架"（enframing），似乎都迫不及待地想从我收集的这些数据资料中跳出来自证。互联网时代似乎将情感与爱情的理性化过程发展到了连这些批判理论家都无从想象的地步。

然而，无论这种批评多么诱人且不证自明，我都很想要抵制它。更具体地来说，我想抵制我所谓的这套"纯粹批判"

---

[i] 马丁·海德格尔（Martin Heidegger, 1889—1976），德国哲学家，20世纪西方最重要的思想家之一，著有《存在与时间》《林中路》《路标》《荷尔德林诗的阐释》等。

（pure critique）的范式。希望读者能够原谅我，我在这里想再次使用我在《奥普拉·温弗瑞和苦难的魅力》(*Oprah Winfrey and the Glamour of Misery*)一书中所用的术语和论点。由于我对此的看法目前没有发生任何实质的改变，我也就没有必要改变我的措辞。[19]

传统的批判，尤其是我在文化研究中经常看到的那类批判，其特点我觉得可以称为"对于纯粹性的渴望"。事实上，如果说许多文化批评家给予文化高度的重视，那是因为，他们将文化视为这样一个领域，我们能够（并且应该）在其中阐发美、道德和政治等理想。

纯粹批判将文化纳入政治领域，因此它在很大程度上变成了对解放还是压制文化、传送"垃圾"还是"宝藏"的方式的统计，而这种立场反过来又会威胁到我们对文化的分析，使其变得愈加贫乏。用芭芭拉·约翰逊[i]令人信服的话来说，这是因为，批判应该留出"惊喜的空间；……让某人或某事有能力让人大吃一惊，仿佛它们是在说，'站一边听着，我有话要说'"。[20]对于那些能让我们惊讶的文化文本和实践，我们也不能仅仅根据它们有（或无）能力传达给这个世界以明确的政治或道德立场这一点来加以评判或贬损。

纯粹批判的第二个缺点是，它通常需要的不仅仅是一个**整体**

---

i 芭芭拉·约翰逊（Barbara Johnson, 1947—2009），美国著名文学批评家、翻译家，最先将德里达解构主义译介到美国的学者之一。

性的视角：当我声称一个特定的文化实践（如电视节目、互联网技术，等等）对少数人群或妇女群体的利益有害时，我肯定是从经济、政治和国内社会领域等角度来提出这一主张的。换言之，这种批判会假设，一个领域（比如文化领域）不仅反映和塑造了其他的社会领域（如经济、政治、家庭内部，等等），而且会通过结构上更深层的社会逻辑在功能上辩证地与它们密切相关。文化之于社会，就如部分之于整体一样，我们应该从所有的社会领域视角来分析文化，因为这一假设才是批判理论的基石。

相较之下，我认为，各个社会领域之间没有直接的连续性，它们之间也未必需要互相反映。这就意味着，我们无法先验地知道符号和价值将会如何在社会、政治和经济等领域"运作"。这主要是由于那个著名的无意影响，马克斯·韦伯曾对它做了精辟的分析：在一个领域（如宗教领域）中出现的行动、思想和价值原则，可能会在另一个领域（如经济领域）中带来与他们早先预期大相径庭的影响。更简单一点来说：在一个领域（如经济领域）显得倒退、陈旧的东西，在另一个领域（如文化领域）则可能代表着进步，反之亦然。[21]

将文化纳入政治领域的第三个问题是，由于文化和政治使用语言的方式不同，它们之间不可避免地会发生冲突。所以，政治家一般要以直接指涉的方式来使用语言；他们一般指向某种具体的实践领域，如修筑道路还是宣战；他们一般会对"现实"采取一种明确的立场（例如，政治家必须明确表示他是支持增加税收还是支持减少税收）。与之相比，一首诗或一部电影，它既不必真的涉及现实，也不必因歪曲了现实而负责。事实上，一首诗或一部电影确实可以做到这一点，它们可以同时道出两种互相矛盾的情况（例如，既赞美个人主义也强调社区价值，既强调爱也强调责任，等等）而无须担心会违反交流的范式。此外，人们要求政治家讲究事实，并能够提出有效的主张（当然，政治家也可能会撒谎或是犯错，但他必须为此全权负责），诗歌或电影则可以不受真实性的约束。我们可以批评某部电影太过写实或是不那么写实，但我们几乎不会批评某部电影或小说在"撒谎"，或是缺乏对通货膨胀或失业的有效解释，因为这么说几乎没有任何意义。同样，电影或小说也不像人们使用政治标准来评估流行文化那般直截了当，原因很简单，流行文本往往是自觉或故意地模棱两可，它们具有反讽性、自反性、矛盾性，也充满着种种悖论。所有这些特点都是电视节目的属性，电视节目在这点上并不亚于其他的文化创作形式，而这些属性反过来又超出了单纯的政治领域，至少历来是这么被人理解的。[22]虽然无可争辩的一点是，文化是我们社会关系的一种延伸——体现在其系统性的沉默、闭合和反抗中——但是，它又不能被完全纳入和归类到政治领域中。

将文化纳入政治领域还会产生一个问题，这个问题与这样一个事实有关，即它经常谴责批评家的态度是超凡式的远观，这就使得他们在文化民主至上的时代越来越站不住脚。其中最为著名的一个例子要数阿多诺对爵士乐的拒斥，这种拒斥是对文化起源的具体经验和意义的一种彻底（且是错误的）背离。只有当文化批判摆脱超凡的纯粹性，并基于对普通行动者具体的文化实践有着深刻了解之时，它才是最有力的。不可避免地，这就需要一种与纯粹性的"和解"。在晚期资本主义时代，我们更加需要呼吁这种和解，因为，无论是出于选择，还是出于必要的考虑，当代文化的批判者都会遭到人们的谴责，并会被置于他们所批判的那类商品化竞技场内。19世纪的知识分子可以一边批判资本主义，一边处在其不可触及的"某处"观望，与此迥然不同的是，很少有当代的批判者能够真正跳出资本主义制度和组织的范围。这并不意味着我们应该放弃批判，服膺于资本主义对所有社会领域的统治。这意味着，我们需要制定新的阐释策略，它还得与我们想要批判的市场力量一样圆滑。强有力的批判只会来自对其研究对象的深刻了解。因此，我想表达的重点并不是要取消批判，而是要深度参与批判的话语，让其不至于沦为某种"表现形式"，不会使文化只是宣传了（或未能宣传）某种特定的政治议程（如平等、解放或公开性等）。

事实上，这一观点与批判理论本身的目标是一致的，其方法是内在性批判，即"从对象的概念原则和标准着手，并逐步展开、揭示其含义与后果"。正如戴维·赫尔德所指出的那样，批判是"经由内部而展开的，它由此希望避免一种指责，即其概念强加了与评价对象无关的标准"。[23]不幸的是，对批判理论的这种理解尚未得到足够的重视，我也不确定阿多诺本人是否是这样运用它的。

政治哲学家迈克尔·沃尔泽在其影响深远的《正义诸领域》（Spheres of Justice）[24]一书中发展了这套"内在性批判"模式。他声称，我们应该将不同的正义原则应用到不同的社会领域中（如家庭或市场领域）。这是因为，每一领域都有其不同的商品种类（如爱情或金钱），需要以不同的方式来分配。沃尔泽最为著名的论点，就是坚持认为社会需要不同的正义"领域"。也就是说，不同的社会领域在其背后有着不同的推动原则，它们可以用来定义该领域中的价值高低，以及如何公平地分配资源以获取这些商品。在沃尔泽后两本著作——《与批评家为伍》（The Company of Critics）[25]和《阐释与社会批评》（Interpretation and Social Criticism）[26]——中，他将《正义诸领域》中的论点进一步扩大到了批判的活动中。他还坚持认为，为了批评某种文化实践，文化批判者应该使用他们正在批判的话语，用其社群（或社会领域）内部起作用的道德标准来评判。换句话说，沃尔泽认为，批评家的道德评价要与被批判对象的评价原则和道德标准密切相关。与此类似，我也认为，我们应该制定一套评价标准，并让其尽可能与我们要分析对象的传统、标准和意义保持内在的一致。我建议把这种看待社会实践的方法称为"不纯粹批判"（impure critique），这是一种试图划清界限的批判：在人们追逐自身愿望和需求的实践——无论这些对我们来说有多么令人反感——与那些明显想阻碍他们实现愿望和需求的实践之间划清界限。一定程度上，我的观点会让人们想起布鲁诺·拉图尔和米歇尔·卡隆使用的那套方法论。[27]比如，他们认为，我们在分析相互竞争的科学理论时，无须假定孰优孰劣。与此相似，我也认为，我们在分析社会领域的相关实践时，不要假定这种实践是解放性的还是压制性的，而要让它们从社会实践的多重阐释语境中呈现出来。

幻想与失望

因此，在开始批判之前，请让我从要解决的主要问题出发。它不仅被我的受访者们指出过，而且我在阅读互联网交友指南时看到经常被人讨论，即网络交友中感到失望的问题。尽管交友网站为人们提供了大量的选择，但大多数受访者还是表示，他们会一次又一次地感到失望。他们所描述的典型场景可能如下所述：你浏览着一系列有可能成为你伴侣的人员列表（或者你收到了某人发来的电子邮件），根据此人所公开的照片和个人资料页，你决定和他保持电子邮件往来。如果一切进展顺利，你通常会开始预想一次可期的约会。这些感觉会让你们进一步发展到进行一次电话交谈。许多受访者——如果不是全部的话——都表示，如果喜欢与自己通话的人的声音，他们就会对电话那头的人产生非常强烈的情感。这也表明，想象力其实有其自我延续并产生情感的能力。

如果电话交流也进展得很顺利，那就有可能导向线下真实的会面，而在大多数情况下，人们正是在线下会面中感到莫大的失望。这个问题是如此普遍，以致于网络交友指南中辟出专门板块，其标题就叫作"为'照片即照骗'做好心理准备"。这一板块的开头为："如果你认为通话时的听觉震惊已经够糟糕了，那么等你经历'照片即照骗'的那种视觉震惊时，就会觉得还有更糟糕的。几乎没有人看起来像他们上传的照片那样……即使你使用的网站上会提供一段简短的视频供人观看,到最后你也还是会惊讶不已。"[28] 指南中下一板块的标题甚至就叫作"在极度失望的会面情况下如何临时准备行动方案"。[29] 关于这一点,一个平庸解释就是,这是自我吹嘘、名不符实带来的后果,或者说,这是一个人不合理的高预期与有缺憾的现实之间存在的必然悬殊。互联网技术会加剧这一被认为非常现代化的体验维度:一个人的期望与其真实体验之间存在着巨大差异。科泽勒克[i][30] 甚至还认为,现代性的特点便是现实与期待之间的鸿沟正变得越来越大。[31] 但我认为,这种说法还未得到充分的分析和理解。比如,现代文化创造了不切实际的期待到底意味着什么?它又是如何做到这一点的?以及,为什么期待往往会落空?真实与幻想之间,到底存在多大的鸿沟才能让人产生如此大的失望呢?

我的论点是,想象力,或者说在文化和制度上那种有组织有部署的幻想,不是一种抽象或普遍的思维活动。它表现的是一种文化形式,我们必须对其加以分析。在本尼迪克特·安德森[ii]著名的《想象的共同体》(*Imagined Communities*)一书中,他有一个与此类似的观点。安德森认为,人们想象共同体方式的不同,不在

---

[i] 莱因哈特·科泽勒克(Reinhart Koselleck, 1923—2006),德国历史学家,代表著作有《批判与危机》等。

[ii] 本尼迪克特·安德森(Benedict Anderson, 1936—2015),美国社会人类学家,曾执教于康奈尔大学,民族问题及东南亚研究的专家,著有《想象的共同体》《比较的幽灵》《语言与权力》等。

于它们是真还是假,而在于**它们呈现的风格**。同样地,互联网所激发和诱发的那种白日梦和想入非非,也有其独特的风格,在这一点上,它还有待我们去阐明。

我认为,在交友网站中所应用的这类想象风格,必须在互联网技术这一背景下去理解。互联网技术使人们的相遇去具象化,使其化约为纯粹性的心理学事件,并使人的主体性呈现出文本化的特征。为了很好地解密这种风格,以及解释它与去具象化之间的联系,让我先从"对立面"(a contrario)来展开,这里我们主要通过分析与另一个人面对面、实现物理相遇时所涉及的内容。

首先,戈夫曼[i]曾指出,当两个人同时在场时,他们会交换两类信息:一种是他们实际提供的信息,另一种是他们"释放"出来的信息。戈夫曼认为,在实际的相遇中,起关键性作用的是人们释放出的潜在信息,而不是他们自愿提供的信息。虽说人们会展示最佳的自己,但他们释放的信息在很大程度上取决于他们使用的肢体语言(如声音、目光、身姿体态,等等)。这表明,我们的大部分交流互动其实类似一种协商过程,需要我们在有意识地监控之处和我们无法掌控的地方进行协商。如果在实际的肢体互动中,我们所说的话、我们想要展示自己的方式与我们无法控制的东西存在一定的差距或是滞后性,这就会使我们更加难以用

---

i 欧文·戈夫曼(Erving Goffman,1922—1982),美国社会学家,代表著作有《日常生活中的自我呈现》《公共场所的行为》等。

语言来描述什么是我们自身最大的优点。正是那些我们没有意识到的东西,才最有可能给我们所遇见的人留下最深刻的印象。举个例子,米歇尔是一名年轻女性,她在一家大公司工作,她这样描述她的一次网络约会:

> 米歇尔:我记得有这么一个人,我们联络了一段时间,然后我们决定见个面。于是,我来到咖啡馆,我们握了握手。在握手的那一瞬间,我便知道了,这不是我要的那种感觉。
>
> 记者:你即刻就知道了?
>
> 米歇尔:是的,即刻便知。
>
> 记者:你是如何即刻就有这种感受的呢?
>
> 米歇尔:顺便说一下,他握了握我的手。我感觉握手时有那么一种软绵绵、湿答答的感觉,我真的很不喜欢。

米歇尔通过一个男人几乎觉察不到的微小的肢体动作——他如何握她的手——以转喻的方式诠释了她对这个男人性格的理解。认知心理学家蒂莫西·威尔逊[i]的研究进一步阐明了这一点,他主要是研究无意识自我与弗洛伊德意义上的无意识之间的差别。他说:"有越来越多的证据表明,人们构建出来的自我与他们的

---

i 蒂莫西·威尔逊(Timothy Wilson),美国弗吉尼亚大学心理学教授,著有《自己就是陌生人》《弗洛伊德的近视眼:适应性潜意识如何影响我们的生活》等。

无意识自我几乎没有什么相似之处。"[32] 无意识自我构成了我们对世界的一套自动式连锁反应，我们对此知之甚少，也几乎无法加以控制。这反过来又意味着，人们并不了解他们自身，也并不知道什么样的人会激起他们何种不同的感受。正如威尔逊所说，我们似乎只是不擅长理解和预测我们的情绪状态。我还想补充一点，我们岂止是不擅长这样去做，简直是做得糟糕透了，尽管我们似乎已经积累和掌握了大量关于我们自身的心理学知识。

其次，戈夫曼还多次指出，在物理空间中双方共同在场的情况下，人们会产生这样一种感觉，"人们之间的距离足够近，所以他们所做的任何事情都会被对方看在眼里和细心感受到，这也包括他们对他人的感受，而且正因为距离足够近，他们也可以在被对方感知到自己的同时，产生这种被人感知和被人观察的体验"。[33] 这就意味着，实际的互动是一个十分微妙的过程，人们会根据自己感知到的彼此的共同在场（co-presence），来调整自身所说的话或所做的行为。在这种共同在场中，会产生一种特殊的相互性。戈夫曼在这里指的是一种社交实践知识，它与认知性知识并不兼容。而互联网扰乱了这种我们在具体的人际互动中会有的半意识性的调整，因为它优先考虑的是基于文本的认知性知识。关于此点，让我再举一例。一本约会指南手册的作者如此回忆道，他曾经接待过一位名叫海伦的客户，海伦"告诉他，在现实生活中，有个男人对她很感兴趣。她便去查看了他的交友网页上的个人资料，结果她发现，自己比他理想中的年龄上限还要大三岁。换句话说，如果将年龄设限，他们俩将永远无法在互联网上相识"。[34] 我们需要有能力不断地**与自己**进行协商，看自己是否愿意为了与他人发展一段关系而修改那些我们原先制定的标准，而互联网使这一项核心的社交能力变得越来越困难。互联网使我们的品位和观点都具体化了，所以会面的成功将取决于人们是否对应和符合那些预先设定的偏好，而这些偏好在互联网上是以书面文本的形式呈现的，这就使它不具备戈夫曼所说的那种线下的共同在场的语境。例如，奥尔加现在31岁，她住在加州，是一位有着惊人美貌的记者，她说自己自1999年以来一直在使用互联网约会交友，但一直不太顺利。她这么说的意思是，她曾见过一些男士，但见面后不久就感到失望。然而，在刚刚过去的几个月里，她与一位男士步入了一段认真的恋爱关系，这位男士是她在网络上认识的一位好莱坞编剧。我问她为什么会对这位男士有感觉，而对其他人无感时，她是这么回答的：

> 正如我前面所说，对于会见其他人，我总是会有一种失望的感觉。从来没有谁在现实中看起来像他们放上去的照片那样。但是，和托马斯相遇时不同，刚在网上认识他时，我看到了他的照片，我想，天哪，这么帅，不可能吧；像他这么俊朗的人，一般不需要在网上相亲吧。当时，我还以为是恶作剧或是什么的呢。但是，当我真的见到他时，他简直比照片上还要帅。而且，他根本没有意识到自己长得有多好

看！他对此毫无察觉。

这一回答，至少有两个方面显得很有趣：一方面，这个叫托马斯的人之所以能够在其他男士相亲失败之处取得成功，是因为他在线下的实际表现成功反映了甚至超越了他在网络上以文本形式呈现的自我；另一方面，这可能是因为，正如奥尔加所告诉我们的，托马斯没有意识到自己长得帅，这就使得他的表现规避了互联网所暗示和要求的自我评价和自我展示的认知性和经济性过程。

再次，当我们将这些回答与社会心理学中对浪漫吸引力感受的研究进行对比时，它就显得尤为重要。"在浪漫关系的开始阶段，看似肤浅的外表实则是最为重要的。而发现某人'人品好'**似乎**显得没那么重要。"更确切地说，在一项有关浪漫吸引力形成原因的试验研究中，成年人和青少年都被要求清晰地表达出约会中他们最看重的东西。男性受访者一般表示，"真诚"或"温柔"等性格特点比外表更重要。[35] 而在同一项试验中，同样还是这群男性，试验方后来分别给他们看一些长相普通和外表非常有魅力的女性照片，并向他们简单描述了这些女性的性格特点。研究结果发现，同一位女性无论被形容为"不值得信赖""焦虑""自负"，还是被形容为"值得信赖""随和"或"谦逊"，对这些男性来说，她的吸引力都区别不大。而外表有魅力的女性，不管她们的性格如何，总是会比长相普通的女性更受欢迎。因此，这个试验道明了两个重要的研究发现：第一个发现是，虽然人们普遍认为性格很重要，然而实际上，性格在人际吸引中所起的作用非常之小。"有魅力非常重要，因为我们的情绪感受总是会被那些在外貌和个性上都有吸引力的人唤起。"[36]

另一个发现是，尽管人们尽最大努力来掌控自己对潜在对象的吸引力，但实际上，人们并不知道他们会因为什么而被其他人吸引。在这一方面，我们也许可以援引梅洛-庞蒂[i]对现象感知的经验主义方法的批判。他认为，经验主义者清空了他所谓的"神秘"感知和感觉。梅洛-庞蒂特意区分了**感觉**（sentir）和**感知**（connaître），后者指的是基于属性对对象的一种理解，或者是指梅洛-庞蒂所认为的那种对象身上的已死属性（qualités mortes）。而感觉是指对对象身上的活动属性的一种体验。例如，人们看静止的物体与看移动的物体，体验是不同的。梅洛-庞蒂声称，当感知被视为一种认识的行为（an act of knowing）时，被遗忘的是"存在性背景"（existential background）。布尔迪厄重申了梅洛-庞蒂的这一观点，他通过将身体直接置于社交互动的中心，提出了一个类似的论点："在柏拉图式的爱情风行两百年之后，我们很难认为，身体可以通过一种与理论反思行为相异的逻辑来'思考它自己'。"[37]这是因为，布尔迪厄指出，社交体验是在身体中积累和展示的。因此，身体吸引远远不是非理性的或浅显的，它激活了识别社会相似性的机制，这恰是因为身体才是社交体验的存

---

[i] 莫里斯·梅洛-庞蒂（Maurice Merleau-Ponty，1908—1961），法国存在主义哲学家，其思想深受胡塞尔与海德格尔的影响，著有《知觉现象学》《可见的与不可见的》等。

储库。因而，与人们了解自己和他人的那种心理式的、去具象化的技术正相反，事实证明，身体可能是人们了解另一个人并被其吸引的最佳方式，也可能是唯一的方式。

让我们再回到本章开头的电影《电子情书》的讨论。让我们再自忖一遍，到底是什么让这对网上相识的情侣之间进展得如此顺利？如我之前所述，这部电影属于"神经喜剧"类型，这种类型的电影喜欢将男性与女性对立起来，并在他们互相树敌之后把他们重新联结在一起。神经喜剧的精髓就在于，尽管主人公对彼此充满敌意，但他们仍然无法抗拒彼此的相互吸引。诚然，不可否认的是，将这部电影有机串联在一起的是汤姆·汉克斯和梅格·瑞恩所演绎出的彼此间的那种紧张气氛，我们知道，在神经喜剧的传统中，这种紧张气氛有利于提升吸引力，甚至可以说，这种紧张气氛本身就是一种吸引力。事实上，当瑞恩（饰演女主角凯瑟琳）和她的固定男友分手时，他们俩都感到惊讶，因为尽管"彼此是如此完美地契合"，但实际上他们并不相爱。相较之下，梅格·瑞恩和汤姆·汉克斯之间似乎毫无相似之处。尤为明显的是，他们还是商业上不断竞争的对手，而且汉克斯一举击垮了瑞恩开的那家可爱的儿童书店。但最后，他们之间的敌意渐渐消失了，甚至很可能产生了一种真正的吸引力。换句话说，这部电影积极描绘了一种新型的、去具象化的爱情，它基于自我揭示和对恋爱关系的理性把控，并通过去具象化的技术来达成选择性亲密（elective affinity）。与此同时，电影的叙事传统符合、展示并践行了一种相反的爱情观，这种爱情是基于不可抗拒的、非理性的吸引力。在这种吸引力当中,身体以及两个作为物理实体的人的共同在场起着关键作用,因为它们才是产生爱这种情感的要素。在神经喜剧中,正如在最完美的浪漫爱情故事中一样,爱情是突然降临和爆发的,它恰恰不受主角们有意识的"我思"的影响。此外,在电影中,当这对通过网络相识的好友最终见面时——考虑到在电影的现实中梅格·瑞恩和汤姆·汉克斯已经爱上对方这一事实——他们对彼此的认知性知识在他们最终的互诉爱意中其实是没有起到什么作用的。这说明,身体上的吸引——而非互联网上产生的情感性亲密(emotional affinity)——才是人们坠入爱河这一难以捉摸的事情的幕后推手。所以,网络浪漫恋情最终还是会发展成为相对传统的爱情模式,而主角们在会面之前所积累的对对方的认知性了解,在恋爱关系中所起的作用微乎其微。此外,我也非常怀疑,要是梅格·瑞恩饰演的这个角色在现实生活中从未见过汤姆·汉克斯,她是否会有电影中一半那么喜欢他。跟在现实生活中一样,在电影中,爱情(乃至一般的社会交往)的吸引力来自身体。

因此,让我们回到本节开始提出的问题:在互联网上起作用的那种想象的特征是什么?为什么它与网恋会面的失望有如此紧密的联系?去具象化的网络展示又在这种失望中扮演着什么样的角色?一直以来,爱情被认为可以为场景注入变化的想象,从而赋予爱恋的对象一种神秘感和魔力。与传统的观念相反,这种爱情想象远非脱离现实,它往往由一种姿态、一种人们在现实中移动和展示身体的方式所触发。埃塞尔·斯贝克特·珀森(Ethel

Spector Person)是一位精神分析师，他曾花了一段时间观察他的病患是如何谈论爱情的。他说道："［爱情］也许是由于某人在风中点起一根香烟，或是她向后抚头发的姿势，或者是某人打电话的方式（我个人认为，这些细微的举止很能'说明'被观察者的——即使不是全部的——个性和志向）……"[38]换句话说，那些微不足道的举止可以也确实能够引发人们的浪漫幻想和情感。弗洛伊德其实复兴了柏拉图的一些观念，他认为，这种爱的能力是被一些莫名其妙和看似不理性的细节推动，因为在爱情中，我们爱的其实是自己所缺失的东西。"被爱之人似乎给其爱人施加了巨大的魔力，其部分原因是，人们爱恋的对象被赋予了一种神秘感，这种神秘感正来源于人们过往所失去的一切。"[39]在弗洛伊德所研究的特定文化结构中，爱情和幻想紧密地交织在一起，它们有能力在具体的、具身化的互动中混淆过去和现在的经历。

这种观点认为，想象力具有此种替换能力，它可以将近似于现实生活中的感受直接替换成对真实物体的"真实"体验。因而，想象力并没有废除现实，恰相反，它有赖于现实，因为它得依靠感觉、感受和情感来呈现并不在场的事物。传统的浪漫爱情想象是基于身体的，它综合了各种体验，将现在的爱恋对象与过往的一系列形象和经历混杂并结合起来，专注于一些关于他人的"揭示性"的细节。此外，对于前网络时代的浪漫爱情而言，爱情通过理想化的过程触发了想象。爱上一个人就会高估对方，会将一种附加价值归于（真实的）他身上。正是这种理想化的行为才使对方变得独一无二。[40]因此，在传统的爱情中，想象力的触发主要是通过以下四个基本过程：首先，基于身体的吸引；其次，身体的吸引开始调动主体过去的恋爱关系和经历（尽管弗洛伊德将这些过往经历理解为严格的心理和传记，我们还是可以和布尔迪厄一样，将其视为社会经历和集体经历）；再次，这一过程又在半意识或无意识层面发生，从而绕过了理性的"我思"；最后，从定义上来说，传统的爱情几乎一开始就将对方理想化了，也就是说，人们通常赋予所爱之人一种高于我们自身的价值。这种理想化的过程往往发生在我们对爱恋对象一知半解之际。

这里，我们可以通过依照布尔迪厄的范式，来解释爱情的这种调动自我的能力。布尔迪厄认为，爱他人就是重识（并因此爱上）自己的过往和社交命运。根据布尔迪厄的观点，没有什么会比人的身体和坠入爱河这件事更能体现人的社交命运了。爱就是以性驱力的方式在他人身上重识我们的社交历史和社交愿望。

认知心理学关于决策过程的最新研究证实了布尔迪厄的这一观点，并提出存在着一种"直觉式思维"（intuitive thinking），它又被其他认知心理学家称作"薄切片"（thin slicing），指的是对人、问题和情形作出准确而迅捷判断的能力。这种迅捷判断源自无意识的思维过程，即调动过往经历并专注于被评判对象的极少数特征的能力。在坠入爱河时，我们会识别或重新发现那些我们在过去认识的人，并专注于一些细节，从而对爱恋对象形成一种整体性的看法，而非一种支离破碎的复选框式的印象。在认知心理学家看来，爱的传统模式及其对身体的关注并非一种判断上的失败，而是我们的大脑作出此类决策的最有效和最快捷的途径。

在这种传统爱情的文化、社会和认知结构中，坠入爱河的问题是如何让一种自发的、看似非理性的爱转化成日常生活中可持续的爱。而网络交友的想象向我们提出了一个完全不同的问题，我想，可以这样来总结：它释放了幻想，却又抑制了浪漫情感。网络交友的想象由两组信息——照片和个人资料——触发，人们对网上对象的了解是基于言语表述和理性知识，即这种想象是基于范畴和认知，而非直接的感官感受。网络交友的想象是由一组属性触发的，这些属性并不附属于某个特定的人，而是人们对另一个人产生心理投射的结果。正如一本约会指南手册所说："请你闭上眼睛片刻，在脑海中为她描绘一幅画像。她年纪多大？身高几何？头发和眼睛是何种颜色？她的身材又如何？此外，也许比她的体貌特征更为重要的是，她的性格如何？"[41]幻想和寻找伴侣的过程，是一种人们在实际邂逅前定义一系列抽象、无形的属性的过程；反过来说，根据一个人对自己的需求和性格特点的了解，这些属性会被认为是符合这个人理想型伴侣的条件。传统的爱情想象是基于身体的吸引，它属于梅洛-庞蒂所定义的感觉范畴，而网络交友的想象属于感知这一范畴，它清空了人们对其存在背景的感知。

互联网给人们提供了一种认识，但由于与网络上另一个人所处的具体背景和实践知识相分离和脱节，此种认识并不能用来整体性地了解这个人。在电影《黄昏之恋》（比利·怀尔德执导）中，奥黛丽·赫本对她所爱的男人（加里·库珀饰）说，她觉得自己"太瘦，脖子过长，耳朵太大"，对此他回应说："也许确实如此，但是我喜欢它们组合在一起构成你的方式。"面对面的邂逅不能被简化为一组属性；相反，它们是"整体性的"，也就是说，我们关注的是各个属性之间的相互联系，而不是每个离散的、不相关联的属性。通常，我们说某人有"魅力"，恰恰是在表达他所具备的各种属性相互融合，并在具体背景中表现的方式。正如胡塞尔[i]所告诉我们的，事物与其他事物相互联系，因为它们是被"一个有感知力的、移动的身体"把握的。[42]与这个世界相接触时，这具活生生的身体有一种反思性的体验，胡塞尔将其称为鲜活的生命体验（Empfindnisse）：

> ［一种］鲜活的体验［Erlebnis］不是一种僵死的体验［Erfahrung］，一种感官上的事件［Empfindung］也并不是一种感知力［Wahrnehmung］，一种对自我的发现［sich befinden］更不同于对其他事物的发现。鲜活的生命体验指的是那些特殊的感官性事件……它们产生于人的触觉和知觉的交会之处，并且，正是在所有这些距离都被超越的关头，

---

i 埃德蒙德·胡塞尔（Edmund Gustav Husserl, 1859—1938），德国哲学家，现象学之父，著有《逻辑研究》《现象学的观念》《纯粹现象学和现象学哲学的观念》等。

这具活生生的肉体强化了其他事物的鲜活。[43]

我不是研究胡塞尔的专家，但我敢说，爱情也是在这种与世界相遇的特殊方式中产生的。这就解释了为什么我们经常会爱上与自己之前预期相去甚远的人。这也说明了我们之所以在恋爱时会愿意忽略对方身上那些与我们的期待并不相符的条件，是因为我们所关注的是作为整体的人，而不是他的各部分条件。

我们也许可以换一种方式，比如再次借鉴认知心理学和决策行为研究的理论传统来对此加以说明。认知心理学家乔纳森·W. 斯库勒[i][44]开展过一些非常有趣的研究，这些研究表明，当要求人们在脑海中记住一张脸，再在一系列照片中识别出这张脸时，人们都表现得很好。但如果让这些人先用语言来描述这张脸的特征，再去识别这张脸时，他们表现得就没那么好了。斯库勒把这种效应称为"语言遮蔽"（verbal overshadowing），即语言描述的过程会干扰到视觉识别的过程。语言描述的过程尤其可能干扰那些需要我们用"直觉""洞察力"或迅捷判断来做决定的事。有些事情，我们不使用语言可能会做得更好，也就是说，不用语言来描述或说明我们正在做什么以及为什么要这样做。此外，语言不仅会干扰人们的迅捷判断，而且由于信息量的过载，也会削弱而非增强人们做决策的能力，比如作出那种看彼此是否具有浪漫吸引

---

[i] 乔纳森·W. 斯库勒（Jonathan W. Schooler, 1959— ），美国加州大学圣塔芭芭拉分校的心理学教授。

力的快速决定。[45]迅捷判断使用的是一种"快速而省时"的认知类型，即动用最低限度的认知，它主要依赖一个人或一种现象所散发出的"鲜明特色"，也就是其最基本的构成要素。举个例子来说明这里我所想表达的意思吧：有实验表明，当你在摊位上卖6种果酱时，经过摊位的人中有30%可能会购买某一种果酱；[46]而当你在摊位上摆出24种不同的果酱时，只有3%的人可能会购买其中某种果酱。道理很简单：选择越多，信息过载的风险就越大，这反过来会干扰人们迅捷判断的能力，这种判断往往是基于少量信息而非大量信息来作出的。

因此，网络交友式想象并非与现实相对立，它所对立的是一种基于身体和直觉式思维（或"薄切片"）的想象。[47]网络交友式想象削弱了直觉式想象，因为它不是回顾性的，而是前瞻性的，即向前看的。因此，网络交友式想象与人们直觉式的、实际发生的和心照不宣的过往知识相脱节。此外，由于网络交友式想象依赖于大量基于文本的认知性知识，它也受语言遮蔽的影响，语言的盛行会干扰人们在视觉和身体上的识别过程。最后，我想补充一点，因为互联网让我们看到了可供我们选择的整个相亲市场（简单地说，它促成了人们按价购物），所以，在实际的相遇中，我们通常会低估而非高估所遇到的人。

传统的对浪漫爱情的想象，其特点是现实和想象的混合，它既基于身体，也基于过往积累的经验；而互联网将想象——作为一个自我生成的主观意义上的世界——与人们的真实相遇分割开来，让两者发生在不同的时间点上。此外，在网上，人们对他人的了解是比较片面和分裂的,因为网络上的他人首先是被理解为一个自我构建的心理实体,而后变成了可听见的声音,最后才会被理解为一个移动的、行动的身体。

对哲学家梅洛-庞蒂来说,这种特殊的想象形式正是病理学的一个来源。的确,对梅洛-庞蒂而言,想象之物与真实之物不可分割。他说,正是人们试图将这两者分开才导致了病态。[48]

论述至此,我们又该如何解释恋爱关系确实在网络上形成了呢?百合姻缘网宣扬它们促成了9000对良缘,虽然这个数字无疑只是使用网络交友总人数中的一小部分,但是我们仍然应该对其进行充分的分析,更广泛地理解通过互联网形成的有意义的纽带。

让我们回到阿尔忒弥斯的例子,她是迄今为止我采访过的最为挑剔的受访者。我问她为什么她在网上认识的某位男士会让她感兴趣。她是这样回答的:"这和我的个人资料页有关……让我感兴趣的人,大多是那些情绪管理能力很强的人。我需要一个能够与我的情感产生共鸣的人。例如,在我的个人资料页中,我写道:'我对大多数人都没有耐心。'我希望有人能阅读并注意到这一条,尝试了解它从何而来,以及我为什么会这样写。"

互联网是一种相当注重心理学的技术,从某种意义上来说,它以人们对自我的心理学理解为前提,并鼓励人们在社交上运用心理学模式。在社会心理学家麦肯纳·格林(McKenna Green)和格里森(Gleason)的一项研究中,这一点得到了——也许是无意的——证实。他们对在网络上确立的恋爱关系进行了大量研究,最后发现,人们可以并且确实能够在网络上发展有实质纽带的恋爱关系,因为互联网能够帮助人们表达他们所谓的"真实自我"。[49] 为了说明何为真实自我,他们使用的是卡尔·罗杰斯的定义,即这是一种经常在自己和他人面前隐藏起来的自我,它可以在疗愈性的相遇中得到最好的表达。在此,研究人员也只是再次确认了心理学意识形态话语的主导地位。

因此,请允许我作出一番推测。我认为,那些特别重视情感语言交流的人,那些最有能力公开管理自己的情感和自我的人,才能在网络上建立起私人的恋爱关系。他们也最擅长按照疗愈性模式来建立情感联结。这些人都表现出我在前述章节中所说的那种情感能力,他们最有可能最大限度地利用互联网技术,从而使互联网成为一门真正的心理学技术。

本章小结：一种新型马基雅维利主义

至此，我们基本可以圆满结束了。在整个 20 世纪，心理学成了卡斯托里亚迪斯[i]所称的那种社交想象意义的"岩浆"(a magma)。卡斯托里亚迪斯是想表达，心理学是一种渗透到整个社会中的想象形式，它将社会中的各领域紧密联结起来，而不是将其简化为各个组成部分。心理学的文化想象已经成为我们当代的"岩浆"，它的意义是集体所共享的，它构成了我们的自我意识以及我们与他人的联结方式。

随着自我退缩回私人领域，私人领域中充盈着各类情感，心理分析便诞生了。但在心理健康领域，心理学理论也与生产效率的话语和推销自我的商品化相结合，于是，心理学理论使人们的情感自我在一系列社交场所都变成了一种公共的文本和表演，这些场所可以是家庭、公司、互助团体、电视脱口秀节目和互联网交友网站，等等。过去二十年中，公共领域已经转变为一个以展示私人生活、情感和亲密关系为基本特征的场所。要想理解这一点，人们就必须承认心理学在将私人经历转化为公共讨论方面所起的作用。在这一转换过程中，互联网是最新近的发展，因

---

[i] 科内利乌斯·卡斯托里亚迪斯（Cornelius Castoriadis，1922—1997），法国左翼思想界代表人物。

为它预设了一个心理自我，这个自我可以通过文本被认识，并通过分类和量化，被公开地呈现和表达。这个心理自我所面临的问题，也正是如何将这种公共的心理表演转化到私人的情感关系之中。

因此，正如阿多诺在半个多世纪前所强有力地论证的那样，在自我商品化的过程中，不同的机构包括心理学理论、自助文学、咨询行业、国家、医药行业、互联网技术等，都被紧密地联系在一起。这些机构都以自我为其首要目标，这便形成了现代心理自我的基础。20世纪的这种市场类目（market repertoires）和自我语言的渐进式融合，我称之为"情感资本主义"。在情感资本主义文化中，情感已经成为一种可被评估、检查、讨论、协商、量化和交易的实体。在这种创造自我以及通过部署大量文本和范畴来管理和改变自我的过程中，它们也促成了一个痛苦的自我，一个由其心理缺陷来组织和定义的身份自我，它需要通过不断完成自我改变和自我实现的命令，才能被重新纳入市场之中。相反，情感资本主义为经济交易——实际上也为大多数的社会关系——注入了前所未有的文化关注，它聚焦于情感的语言管理，使情感成为对话、认可、亲密关系和自我解放策略的重中之重。

正是在此处，我有意偏离了批判理论的宝贵遗产，以及福柯对这一过程的传统描述。从弗洛伊德式想象到互联网交友中所折射出来的动态机制，并不是一种全面的管理或监控，而是充满了矛盾和冲突，这是由于它与传统中建立靠谱的恋爱关系并接受审查时所使用的是相同的语言和技术，这就使得自我的商品化成为可能。在我所论述的过程中，几乎很难将自我的理性化和商品化与自我的另一种能力区分开来，即塑造并帮助自身参与到与他人的商议和交流之中的能力。正是这同一种逻辑使情感变成了一种新的资本形式，也使得企业内部的人际关系得到了正当的解释。正是这种文化形态促使女性要求在公共和私人领域享有平等的地位，使得亲密关系趋于冷静、理性，并易于受到粗粝的功利主义的影响。这种知识体系旨在让我们一窥自己内心的黑暗角落并具备情感"读写能力"（literate），也正是这同一种知识体系使人际关系成为可被量化和替代的实体。事实上，"自我实现"这一概念本身——它包含并仍将包含一种心理学和政治上的"幸福的许诺"（promesse de bonheur）——就很关键，它将心理学部署为一种权威的知识体系，也将市场类目渗透到了私人领域。

这也会让我们面临一系列错综复杂的问题，例如，关于理性化和自我解放、利益算计和自发的激情、私人关切和公共类目等，都是相互矛盾的过程。我认为，福柯以及许许多多的批判理论家，都很乐意看到这些矛盾瓦解在诸如"商品化"或"监控"等无所不包的进程中，他们也乐于见到把快乐纳入权力范畴之下。后现代社会学家也不必为这种事态感到担忧，因为他们都拥抱和称颂这种矛盾性和不确定性。然而，要是我想在这最后一章论述的结尾再加上点什么强有力的主张，那就是，即使自我的理性化和商品化与自我的解放不可逆地融合在一起，我们也不能将这二者混为一谈。我们的任务也仍然是不要将权力与快乐混为一谈。然而，即使我们力求论述清晰，我们的分析也不可避免地显得混乱，这是因为它必然涉及社会领域及其价值观，而这两者无疑是相互交织的。如果社会学历来要求我们在区分（使用价值和交换价值；生活世界和对生活世界的操控与殖民等）的技能方面发挥我们的精明才干和警惕性，那么现在，摆在我们面前的挑战便是，如何在一个完全抹除了这些区分的社交世界中保持同样的精明和警惕。[50] 在此，我想再次援引迈克尔·沃尔泽的那个类比，批评家的任务应该类似于哈姆雷特递镜子给他的母亲，他想让母亲看看她是否还是内心最深处那个真实的自己。"批评家的任务……也莫不如此，因为批评家举起的那面镜子里会折射出我们所有人都会自发认同的价值观和理想，它们也是我们自己常常用来评价他人行为是否得当的价值标尺。"[51] 当举起这样一面镜子时，我们必然也会看到镜中模糊的影像。

正是从这一角度出发，我试图去考察将情感与资本联结在一起的矛盾逻辑。也正是基于这一视角，我才能对贯穿整个20世纪的矛盾逻辑进行此番追踪探索，看看它是否越来越单一地受到市场的影响。事实上，如果说传统的资本主义主体能够在"策略性"和纯粹"情感性"之间来回切换，那么，在这个心理学和互联网盛行的时代，我认为主要的文化问题是，从策略性转向情感性变得尤为困难。行为者似乎总是被围困在策略之中，有违他们自身的意愿。互联网为此提供了一个显著的例子，与其说互联网技术使个人生活和情感生活变得贫乏，不如说它为社会交往和人际关系创造了前所未有的可能，但与此同时，互联网也清空了它们迄今为止所仰赖的情感和身体资源。

在讨论西美尔有关工作的理论时，社会学家豪尔赫·阿尔迪蒂（Jorge Arditi）帮我们很好地厘清了这里的利害关系。[52]根据阿尔迪蒂的观点，西美尔提出了一种异化理论，该理论认为，个人的生活正在逐渐变得贫乏。这是由于客观与主观文化、我们的经验与我们外部产生的事物和观念之间正日益分化。正如阿尔迪蒂所阐释的那样，对于西美尔来说，当我们创造了一种复杂的客体文化，我们便失却了使其具有意义的那种整体性。也就是说，对西美尔而言，当主客体相一致时，客体才具有存在性的意义。关于这一方面，阿尔迪蒂认为，爱即意味着直接和全然地了解对方。这就意味着，在爱者和被爱者之间，没有横亘着任何的社会或文化阻碍。在爱的体验中，智性考量没有任何用武之地。其实这些都是关于浪漫爱情众所周知的想法，但我认为，我们不能仅仅因为它们是有关浪漫爱情的观念就忽视其重要性。当爱上一个人时，我们会赋予那个人一种全新的意义，会对其产生一种整体性的情感体验。而智性经验——被韦伯称为理性的本质——却势必会在我们自己与对象之间拉开距离。对于西美尔来说，理性化进程进一步拉大了主体与客体之间的距离。所以，阿尔迪蒂在这里提出了一个非常有趣的观点，即社交距离的产生，不是源自人们缺少共同特征，而是由于这些特征本身的抽象性本质。这种社交距离就叫作疏离（remoteness），它并不是因为人们彼此没有任何共同点，而是因为人们之间的共同点过于普遍，或者说，正在变得过于普遍。换一种更简单的说法，人际疏离实际上来源于以下事实：人们现在使用的是一种通用且高度标准化的语言。

与此相反，亲密感源于两个人之间的相似之处具有特殊性和排他性。从这个意义上来说，亲近就意味着共享那种"存在性的生成意义"。事实上，我们现在有越来越多的文化技巧来规范我们的亲密关系，它们大多是以一套笼统而宽泛的方式来谈论和管理亲密关系，这恰恰削弱了我们亲近他人的能力，也减损了主客体之间的一致性。

我认为，我们见证了一种新型文化结构的生成，它也许足以和尼科洛·马基雅维利[i]所带来的重大断裂性的影响等量齐观。你也许还能记得，马基雅维利认为，公共场域的行为与功勋和私人的道德伦理和美德应该截然分开。他还认为，卓越的领导者应该知道如何预测他的行动、操纵他的人格面具（persona），以使自己看起来慷慨、诚实、富有同情心（与此同时，他其实一向节俭、狡猾、心性残忍）。马基雅维利也许是第一个阐述出现代自我之精髓的人，即自我有能力在私人和公共行动领域之间划分出泾渭分明的界限，以便区分和分隔伦理道德和私人利益两个方面，并且，自我具备在这两端权衡和反复自如切换的能力。心理学理论改变了私人的道德自我和公共非道德的工具性战略行为之间的二元对立关系。这是因为，通过心理学这一文化媒介，私人领域和公共领域不仅开始相互交织、彼此映照，而且相互吸收彼此的行动方式和理由，并确保工具理性在情感领域得到很好的实

---

[i] 尼科洛·马基雅维利（Niccolò Machiavelli, 1469—1527），意大利政治家和历史学家，代表作有《君主论》，以主张为达目的可以不择手段而闻名于世，以其命名的马基雅维利主义（machiavellianism）也因而成了玩弄权术和机巧谋略的代名词。

践和运用。反过来，心理学也会将人们的自我实现和对完满情感生活的诉求变成工具理性的指南针。

知道这一事实是否可以让我们变得更聪明、更有能力实现我们的目标呢？马基雅维利的君主们可能没有得到他那个时代道德权威的认可，但他们至少会在处理日常事务方面变得更加娴熟自如。我当然也存有我的疑惑。就让我通过援引神经学家安东尼奥·达马西奥[i]的一项著名研究来阐发我的想法吧。达马西奥研究了病患在腹内侧前额叶皮层[ii]受损状况下的决策能力情况。神经学家一般认为，腹内侧前额叶皮层是在人们决策过程中起关键作用的大脑神经区域。患有这种损伤的人通常看起来会十分理性，但他们缺乏判断能力，无法基于情感和直觉——在这里，直觉仅被理解成一种累积的文化和社会经验——做出决策。这也佐证了达马西奥在书中所举的一个病患的案例。在他的《笛卡尔的错误》(*Descarte's Error*)一书中，达马西奥试图与患有这种脑损伤的患者进行一次预约会诊，他是这样描述他们之间的协商过程的：

---

[i] 安东尼奥·达马西奥（Antonio Damasio, 1944— ），美国南加州大学神经科学、心理学和哲学教授，美国艺术与科学学院、欧洲科学与艺术学院成员。代表著作有《笛卡尔的错误》等。

[ii] 一般缩写为VmPC，也被称为眶前额皮质，这个大脑区域位于眼睛后方，是前脑中特别参与决策和个性的部分，位于大脑额叶的最前部。腹内侧前额叶皮层被称为"道德大脑中心"，有研究表明，这一大脑区域在精神疾病中扮演着重要角色，其特征是严重缺乏同情心、情感，而且完全缺乏悔恨的能力。

我给患者建议了两个可选的会诊日期,都定在下个月,两个日期间隔了几天。而患者拿出他的预约簿,开始查阅他的日程安排。接下来,他的行为非常让人震惊,在场的其他调查人员对此也有目共睹。在接下来的半个小时里,这个患者对这两个日期进行了仔细分析,列出了对每个日期的每一条同意或反对的理由:之前约定的会见、与其他会面安排得太近、可能的天气状况等。关于一个简单约见的安排,几乎任何人能想到的问题他都考虑到了。[他]还带我们进行了一项令人厌烦的成本收益分析,对日期选项和可能出现的后果都进行了巨细靡遗的描述和徒劳无休的比较。需要极高的素养才能听完他所有的话,而不是敲桌子来打断他。[53]

此人试图理性地决定赴约日期,我则认为,他是一个过度理性的傻瓜(hyperrational fools),他的判断、行动和最终决策的能力,都被成本收益分析法和对选项的失控的理性权衡给损毁了。

达马西奥所举的这则轶事当然是真实发生过的,但是,我们也可以从一种比喻的视角来理解它,并且可以用它来阐释我在这最后三讲中所讨论的内容:我想知道,我所描述的这一过程是否也具有此种特质,会让我们变成过度理性的傻瓜。正如我试图指出的那样,我们越来越割裂超理性世界和私人世界的联系,前者将自我商品化和理性化,后者又越来越被自我制造的幻想支配。如果说意识形态能够让我们快乐地生活在矛盾之中而无从察觉,那我并不确定资本主义的意识形态是否还能够做到这一点。

工业资本主义以及更为先进的资本主义都需要并制造了人们分裂的自我，这个自我总在策略性的工作领域与家庭内部、经济领域和情感领域、自私自利与合作共赢之间自如切换。当代资本主义文化的内在逻辑却不同。现在，资本主义文化可能已经发展到了一个新阶段。不仅是市场中的成本收益文化分析法被用于所有的私人领域和家庭内部的互动，而且，人们似乎越来越难以从一种行为领域（经济方面）切换到另一种领域（爱情方面）。过度理性的主导地位反过来影响了人们的幻想能力。齐泽克在讨论斯坦利·库布里克[i]执导的最后一部电影《大开眼戒》(*Eyes Wide Shut*)时，曾评论说："幻想根本不是一道强大到足以吞没你的诱惑的深渊，恰恰相反，幻想最终总是软弱无力的纸老虎。"[54] 在我们不断制造幻想的文化中，幻想从未像如今这样丰富和多元，但它们可能因为逐渐与现实脱节而变得软弱无力，并且越来越多地被组织在这个充满市场选择和信息的超理性世界中。

---

[i] 斯坦利·库布里克（Stanley Kubrick, 1928—1999），奥地利犹太裔美国电影导演、编剧、制作人，毕业于哥伦比亚大学，代表作品有《2001太空漫游》《闪灵》《发条橙》等。

致谢

很少有书籍的顺利成书仅归于某个人的穿针引线之功,本书也是如此。当阿克塞尔·霍耐特邀请我到法兰克福做几场阿多诺系列讲座时,他敦促我停下来,重新思考我当时所从事的研究工作,即在当今世界大部分地区的中产阶级男女中,去研究心理学在普通文化框架中所起的作用。我重读了一些社会批判理论家,也重新敏锐地意识到,从西奥多·阿多诺,经由哈贝马斯,再到阿克塞尔·霍耐特,他们所开创的悠久的批判理论传统在理解现代性相互冲突的倾向方面还有待补充和完善。阿克塞尔高瞻远瞩的学者视野、慷慨奉献和无限精力都在这本书的写作过程中给予了我强大的支持。

我衷心感谢薇薇安娜·泽利泽(Viviana Zelizer),她给我提供了到普林斯顿大学社会学系访学的机会,正是在此期间,我完成了本书中这些讲座的撰写工作。我还要向高等研究院里热情洋溢又工作高效的图书馆管理员们表达深深的谢意。

比阿特丽斯·斯梅德利(Beatrice Smedley)阅读了本书全部三章,她以其非凡的敏锐和友善给我指出了很多值得反思和可供完善之处。卡罗尔·基德隆(Carol Kidron)在创伤方面的研究以及她的批判性洞见也对本书大有助益。我还得感谢埃坦·威尔福(Eitan Wilf),他阅读了本书初稿,并以其一贯的坦诚直率给我提出了一些有见地又宝贵的批评意见，他还为本书的注释部分做了审慎的补充。有时，要将一本书完美地呈现在人们面前有诸多困难，而利尔·福鲁姆（Lior Flum）在这一成书过程中给了我莫大的帮助。

我也衷心感谢政体出版社（Polity Press）的萨拉·丹希（Sarah Dancy）、艾玛·哈钦森（Emma Hutchinson）和盖尔·福古森（Gail Ferguson），感谢他们一贯的全力支持、专业精神和慷慨友善。

最后，我将本书献给我的丈夫和最好的朋友——埃尔查南（Elchanan），他不仅通读了本书，给我提出了批评意见并与我讨论建言，还花了大量时间倾听我的诸多牢骚、困惑和犹豫，并与我共度了如许散漫而随意的幸福时光。

伊娃·易洛思

注释

第一章 情感人的兴起

1. Weber, Max, 1958, *The Protestant Ethic and the Spirit of Capitalism*, New York: Charles Scribner's Sons.
2. 参见 Marx, Karl, 1904, "Estranged Labor," in Dirk J. Struik (ed.), *The Economic and Philosophic Manuscripts of 1844*, New York: International Publishing。
3. Simmel, Georg, 1950, "The Metropolis and Mental Life," in K.Wolff (ed.), *The Sociology of Georg Simmel*, New York: Free Press.
4. Durkheim, Emile, 1969, *Elementary Forms of Religious Life*, New York: Free Press.
5. Durkheim, Emile and Marcel Mauss, 1963, *Primitive Classification*, London: Cohen & West.
6. Durkheim, Emile, 1964, *The Division of Labor in Society*, New York: Free Press.
7. 当然,情感在社会学的不同理论框架中所起的作用并不相同;但我的观点是,它们确实在发挥作用。
8. McCarthy, Doyle E., 1994, "The Social Construction of Emotions: New Directions from Culture Theory," *Social Perspectives on Emotion* 2: 267—79.
9. McCarthy, Doyle E., 2002, "The Emotions: Senses of the Modern Self," *Osterreichische Zeitschrift für Soziologie* 27: 30—49.
10. Nussbaum, Martha C., 2001, *Upheavals of Thought: The Intelligence of Emotions*, Cambridge: Cambridge University Press.
11. Rosaldo, M., 1984, "Toward an Anthropology of Self and Feeling," in R. Schweder and R. LeVine (eds.), *Culture Theory: Essays in Mind, Self, and Emotion*, Cambridge: Cambridge University Press, pp.136—57.
12. Abu-Lughod, Lila and Catherine A. Lutz, 1990, "Introduction: Emotion, Discourse,

and the Politics of Everyday Life," in Catherine A. Lutz and Lila Abu-Lughod (eds.), *Language and the Politics of Emotion*, Cambridge: Cambridge University Press, pp. 1—23; Shields, Stephanie, Keith Oatley and Antony Manstead, 2002, *Speaking from the Heart: Gender and the Social Meaning of Emotion*, Cambridge: Cambridge University Press.

13 Coontz, Stephanie, 1988, *The Social Origins of Private Life: A History of American Families, 1600—1900*, New York: Verso Books. See Bellah, R., R. Madsen, W. Sullivan, A. Swidler, and S. Tipson, 1985, *Habits of the Heart: Individualism and Commitment in American Life*, Berkeley: University of California Press; or Lasch, C., 1984, *The Minimal Self: Psychic Survival in Troubled Times*, New York: W. W. Norton, for classical examples of such positions.

14 参见 Zelizer, Viviana, 1994, *The Social Meaning of Money*, New York: Basic Books。

15 Chertok, Leon and Raymond de Saussure, 1979, *The Therapeutic Revolution: From Mesmer to Freud*, New York: Brunner/Mazel Publishers; Ellenberger, Henry F., 1970, *The Discovery of the Unconscious: The History and Evolution of Dynamic Psychiatry*, New York: Basic Books.

16 Langer, Susanne K., 1976, *Philosophy in a New Key: A Study in the Symbolism of Reason, Rite, and Art*, Cambridge, MA: Harvard University Press, p. 3.

17 这一讨论是建立在如下研究论述基础之上的。参见 Martin Albrow's "The Application of the Weberian Concept of Rationalization to Contemporary Conditions," in S. Lash and S. Whimster (eds.), 1987, *Max Weber: Rationality and Modernity*, London: Allen and Unwin, 164—82。

18 Habermas, J., 1989, "Self-Reflection as Science: Freud's Psychoanalytic Critique of Meaning," in S. Seidman, *Jürgen Habermas on Society and Politics: A Reader*, Beacon Press: Boston, p. 55. 哈贝马斯的主张并未被普遍接受。例如，亨利·埃伦伯格（Henri Ellenberger）就声称，弗洛伊德只是心理治疗长链中的一环。参见 Ellenberger, *The Discovery of the Unconscious*。

19 Bellah, Robert, 1968, *Beyond Belief: Essays on Religion in a Post-Traditional World*,

New York: Harper & Row, p. 67.

[20] Anderson, Benedict, 1991, *Imagined Communities: Reflections on the Origin and Spread of Nationalism*, London: Verso.

[21] Cavell, Stanley, 1996, "The Ordinary as the Uneventful," in Stephen Mulhall (ed.), *The Cavell Reader*, Oxford: Blackwell Publishers, pp. 253—9.

[22] Freud, Sigmund, 1948, *Psychopathology of Everyday Life*, New York: Macmillan.

[23] Taylor, Charles, 1989, *Sources of the Self: The Making of the Modern Identity*, Cambridge, MA: Harvard University Press.

[24] Peter Gay, 1988, *Freud: A Life for Our Time*, London: J. M. Dent, p. 148.

[25] Foucault, Michel, 1967, *Madness and Civilization: A History of Insanity in the Age of Reason*, Toronto: New American Library.

[26] Demos, John, 1997, "Oedipus and America: Historical Perspectives on the Reception of Psychoanalysis in the United States" and "History and the Psychosocial: Reflections on 'Oedipus and America,' " in J. Pfister and N. Schnog (eds.), *Inventing the Psychological: Toward a Cultural History of Emotional Life in America*, New Haven, CT: Yale University Press, pp. 63—83.

[27] Lears, T. J. Jackson, 1994, *No Place of Grace: Antimodernism and the Transformation of American Culture, 1880—1920*, Chicago: Chicago University Press.

[28] Kurzweil, Edith, 1998, *The Freudians: A Comparative Perspective*, London: Transaction.

[29] Hale, N., 1971, *Freud and the Americans: The Beginnings of Psychoanalysis in the United States*, New York: Oxford University Press; Hale, N., 1995, *The Rise and Crisis of Psychoanalysis in the United States: Freud and the Americans, 1917—1985*, New York: Oxford University Press.

[30] Caplan, Eric, 1998, *Mind Games: American Culture and the Birth of Psychotherapy*, Berkeley: University of California Press.

[31] 参见 Herman, Ellen, 1995, *The Romance of American Psychology: Political Culture in the Age of Experts*, Berkeley: University of California Press。

32 同上; Cushman, P., 1995, *Constructing the Self, Constructing America: A Cultural History of Psychotherapy*, Boston, MA: Addison-Wesley.

33 Shenhav, Yehuda, 1999, *Manufacturing Rationality*, New York: Oxford University Press, p. 20.

34 企业主越来越排斥承包商,直到不久前,他们都一直在控制着生产过程,并获得了对工人、解雇和雇用权的控制。

35 Shenhav, *Manufacturing Rationality*.

36 同上,第206页。

37 同上。

38 同上,第197页。

39 臭名昭著的弗雷德里克·泰勒(Frederick Taylor)本人也谈到,他对许多工厂工人发泄出的愤怒感到很是震惊。参见 Stearns, Peter, 1994, *American Cool: Constructing a Twentieth-Century Emotional Style*, New York: New York University Press, p.122。

40 Baritz, L., 1979, *Servants of Power: A History of the Use of Social Science in American Industry*, Middletown, CT: Wesleyan University Press.

41 Carey, Alex, 1967, "The Hawthorne Studies: A Radical Criticism," *American Sociological Review* 32 (June): 403—16.

42 Susman, Walter, 1984, *Culture as History: The Transformation of American Society in the Twentieth Century*, New York: Pantheon Books. 苏斯曼记录了从以"性格"(character)为导向的社会到以个性(personality)为导向的社会中的文化转变。他证实,对"个性"的强调起源于企业,而心理学家对文化领域的干预,使得"个性"成为一种可"把玩""研究"和操纵的东西。

43 Mayo, Elton, 1949, *The Social Problems of an Industrial Civilization*, London: Routledge & Kegan Paul, p. 65.

44 同上,第69页。

45 同上,第72页。

46 Stearns, *American Cool*.

47 Coontz, *The Social Origins of Private Life*.

48 Abbott, Andrew, 1988, *The System of Professions: An Essay on the Division of Expert Labor*, Chicago: University of Chicago Press; Capshew, James H., 1999, *Psychologists on the March: Science, Practice, and Professional Identity in America, 1929—1969*, Cambridge: Cambridge University Press.

49 Mannheim, Karl, 1936, *Ideology and Utopia*, New York: Harcourt Brace Jovanovich, p. 3（强调部分为作者自行添加）。

50 参见 Kimmel, Michael, 1996, *Manhood in America: A Cultural History*, New York: The Free Press。

51 Shenhav, *Manufacturing Rationality*, p. 21.

52 Foucault, Michel, 1982, *The Archaeology of Knowledge*, New York: Pantheon Books.

53 "这种'实用主义社会学'的主要特征是，采用美国实用主义的一些（但比例变化很大）假设论点：诸如，拒绝实体主义和社会现象的具象化；多元主义；不可知论；日常生活知识和社会学知识之间的连续性概念［这点与巴赫拉德的'认识论的断裂'（Bachelardian's 'epistemological breaking'）形成了鲜明的对比］。还有一些诸如'跟随行动者'或者是'观察行动中的社会现象'之类的口号，被这个学派的社会学家用作感召性的话语。"参见 Lemieux, Cyril, "New Developments in French Sociology"（未曾发表的手稿）。

54 Dewey, John, 1929, *The Quest for Certainty: A Study of the Relation of Knowledge and Action*, New York: Minton, Balch; Joas, Hans, 1993, *Pragmatism in Social Theory*, Chicago: Chicago University Press; Rawls, Anne Warfield, 1997, "Durkheim and Pragmatism: An Old Twist on a Contemporary Debate," *Sociological Theory* 15（1）: 5—29.

55 Fontana, D., 1990, *Social Skills at Work*, Leicester, UK: British Psychological Society, Routledge, p. 23（作者自行所加的重点）。

56 Carnegie, Dale, 1937, *How to Win Friends and Influence People*, New York: Simon and Schuster, p. 218.

57 Margerison, Charles J., 1987, *Conversation Control Skills for Managers*, London:

Mercury Books.

[58] http://www.mindtools.com/CommSkll/Communication Intro.htm.

[59] 参见 p.39 in Honneth, Axel (eds.), 2001, "Personal Identity and Disrespect," in S. Seidman and J. Alexander (eds.), *The New Social Theory Reader: Contemporary Debates*, London: Routledge, pp. 39—45。

[60] Hocker, Joyce and William Wilmot, 1991, *Interpersonal Conflict*, Dubuque, IA: William C. Brown Publishers, p. 239.

[61] http://www.colorado.edu/conflict/peace/treatment/commimp.htm.

[62] 参见 Brunel, Valerie, "Le 'Developpement Personnel': de la figure du sujet à la figure du pouvoir dans l'organization liberale"（未经发表的手稿）。

[63] Aubert, Nicole and Vincent de Gaulejac, 1991, *Le Coût de l'Excellence*, Paris: Seuil, p. 148.

[64] http://www.mindtools.com/CommSkll/Communication Intro.htm.

[65] Bratich, Jack, Jeremy Packer, and Cameron McCarthy, 2003, *Foucault, Cultural Studies, and Governmentality*, Albany: State University of New York Press.

[66] 参见 Elias, Norbert, 2000, *The Civilizing Process*, Oxford, UK: Blackwell Publishing。

[67] Fontana, *Social Skills at Work*, p. 8.

[68] Cott, Nancy F., 1977, *The Bonds of Womanhood: "Woman's Sphere" in New England, 1780—1835*, New Haven, CT: Yale University Press, p. 231.

[69] 同上。

[70] 同上。

[71] 同上。

[72] Schulman, Bruce, 2001, *The Seventies: The Great Shift in American Culture, Society and Politics*, New York: Free Press, p. 171.

[73] 1970 年，美国大学里关于女性的课程不到 20 门，而二十年后，仅在本科阶段，就开设了超过 30000 门此类课程。出处同上，第 172 页。

[74] Berger, John, 1972, *Ways of Seeing*, London: British Broadcasting Corporation, pp. 46—7.

75 "和男人以及女人谈论得越多，我就越觉得，人们感到内心不完整、空虚、自我怀疑和自我憎恨的感受，都是相似的。无论谁都曾有过这些经历和感受，这也无涉文化，哪怕他们是用文化上恰恰相反的方式表达出来的。"参见 Steinem, Gloria, 1992, *Revolution From Within: A Book of Self-Esteem*, Boston, MA: Little, Brown & Company, p.5。

76 Fonda, Jane, 2005, *My Life So Far*, New York: Random House.

77 参见 D'Emilio, John and Estelle B. Freedman, 1988, *Intimate Matters: A History of Sexuality in America*, New York: Harper and Row。

78 参见 Shumway, R., 2003, *Modern Love: Romance, Intimacy, and the Marriage Crisis*, New York: New York University Press。

79 Masters, William H. and Johnson, Virginia E. in association with Levin, Robert J., 1974, *The Pleasure Bond: A New Look at Sexuality and Commitment*, Boston, MA: Little, Brown & Company.

80 同上，第 24—5 页。

81 Rothman, Ellen, 1984, *Hands and Hearts: A History of Courtship in America*, New York: Basic Books; Lystra, Karen, 1989, *Searching the Heart: Women, Men, and Romantic Love in Nineteenth-Century America*, New York: Oxford University Press.

82 转引自 Schulman, *The Seventies*, p.181。

83 同上，第 84 页。

84 Masters and Johnson in association with Levin, *The Pleasure Bond*, p.36.

85 Giddens, Anthony, 1992, *The Transformation of Intimacy: Sexuality, Love, and Eroticism in Modern Societies*, Cambridge: Polity.

86 Crain, Mary Beth, "The Marriage Check Up," *Redbook*(日期未知), p. 88.

87 Hendrix, Harville, 1985, "Work at Your Marriage: A Workbook," *Redbook*, October, p. 130.

88 需要特别指出的是，尽管韦伯的分析中带有不可避免的光环，然而，理性化并不是一个单线的进程，它充满了张力和冲突。这在下列书中，作者有更好的论证，参见 Johannes Weiss, "On the Irreversibility of Western Rationalization and Max

Weber's Alleged Fatalism," in Lash and Whimster, *Max Weber*, pp. 154—63。

[89] Espeland, Wendy N., 2001, "Commensuration and Cognition," in Karen Cerulo (ed.), *Culture in Mind*, New York: Routledge, p. 64.

[90] "我所做的努力是试图说明被视为话语附属物的文本到底是在哪里渗透进人类行动中的。"参见 Stock, Brian, 1990, *Listening for the Text: On the Uses of the Past*, Baltimore and London: Johns Hopkins University Press, pp. 104—5。

[91] Goody, J. and I. Watt, 1968, "The Consequences of Literacy," in Jack Goody (ed.), *Literacy in Traditional Societies*, Cambridge: Cambridge University Press, pp. 27—68.

[92] Branden, Nathaniel, 1985, "If You Could Hear What I Cannot Say: The Husband/Wife Communication Workshop," *Redbook*, April, p. 94.

[93] Gordon, Lori H. and Jon Frandsen, 1993, *Passage to Intimacy: Key Concepts and Skills from the Pairs Program Which Has Helped Thousands of Couples Rekindle Their Love*, New York: Simon & Schuster, p. 114.

[94] 同上，第91页。

[95] Beck, U. and E. Beck-Gernsheim, 1995, *The Normal Chaos of Love*, Cambridge: Polity.

[96] Espeland, "Commensuration and Cognition," p. 65.

[97] Honneth, "Personal Identity and Disrespect."

[98] Habermas, Jürgen, 2001, "Contributions to a Discourse Theory of Law and Democracy," in S. Seidman and J. Alexander (eds.), *The New Social Theory Reader: Contemporary Debates*, London: Routledge, pp. 30—8.

[99] Espeland, "Commensuration and Cognition," p. 83.

[100] Butler, Judith, 2001, "Can the 'Other' Speak of Philosophy?," in Joan Scott and Debra Keates (eds.), *Schools of Thought: Twenty-Five Years of Interpretive Social Science*, Princeton: Princeton University Press, p. 58.

[101] 转引自 Woolard, Kathryn, A., 1998, "Introduction: Language Ideology as a Field of Inquiry," in Bambi B. Schieffelin, Kathryn A. Woolard, and Paul V. Kroskrity (eds.), *Language Ideologies: Practice and Theory*, Oxford: Oxford University Press, p. 4。

第二章 痛苦、情感场域与情感资本

1. Smiles, Samuel, 1882, *Self-Help*, London: John Murray, p. 6.
2. 同上,第 8 页。
3. Freud, Sigmund, 1919, "Lines of Advance in Psychoanalytic Therapy," *Standard Edition of the Complete Psychological Works*, vol. 17, London: Hogarth Press, pp. 159—68.
4. 转引自 Woody, Melvin J., 2003, "The Unconscious as a Hermeneutic Myth: Defense of the Imagination," in J. Phillips and J. Morley (eds.), *Imagination and Its Pathologies*, Cambridge, MA: MIT Press, p. 191。
5. Brint, Steven, 1990, "Rethinking the Policy Influence of Experts: From General Characterizations to Analysis of Variation," *Sociological Forum* 5 (1): 373—5.
6. Rogers, Carl R., 1961, *On Becoming a Person: A Therapist's View of Psychotherapy*, Boston, MA: Houghton Mifflin Company, p. 35.
7. Maslow, Abraham, 1971, *The Farther Reaches of Human Nature*, London: Penguin Books, p. 52.
8. 同上,第 57 页。
9. Reznek, Lawrie, 1991, *The Philosophical Defense of Psychiatry*, New York: Routledge.
10. Botwin, Carol, 1985, "The Big Chill," *Redbook*, February, p. 105.
11. Sewell, William H., 1999, "The Concept (s) of Culture," in Victoria E. Bonnell and Lynn Hunt (eds.), *Beyond the Cultural Turn: New Directions in the Study of Society and Culture*, Berkeley: University of California Press, p. 56.
12. Eagleton, Terry, 1991, *Ideology: An Introduction*, London: Verso, p. 48.
13. Landmark Corporation, http://www.landmarkeducation.com.
14. Eagleton, *Ideology*.
15. Illouz, Eva, 2003, *Oprah Winfrey and the Glamour of Misery: An Essay on Popular Culture*, New York: Columbia University Press.
16. "Can't Get Over Your Ex," *Redbook*, March 28, 1995.
17. See p.18, Gergen, Kenneth J. and Mary Gergen, 1988, "Narrative and the Self as Relationship," in L. Berkowitz (ed.), *Advances in Experimental Social Psychology*, New

York: Academic Press, vol. 21, pp. 17—54.

18 Randolph, Laura B., 1993, "Oprah Opens Up About Her Weight, Her Wedding, and Why She Withheld the Book," *Ebony*, October 48 (12): 130.

19 Shields, Brooke, 2005, *Down Came the Rain: My Journey Through Postpartum Depression*, New York: Hyperion Press.

20 Fonda, Jane, 2005, *My Life So Far*, New York: Random House.

21 Dowd, Maureen, 2005, "The Roles of a Lifetime," *The New York Times Book Review*, April 24, p. 13.

22 Foucault, Michel, 1994, "Le Souci de Soi," in *Histoire de la Sexualité: le souci de soi*, vol. 3, Paris: Gallimard.

23 林肯于1860年在美国宪法中心对约翰 L. 斯克里普斯（John L. Scripps）所说的话。来源：美国费城的亚伯拉罕·林肯国家宪法中心临时展览。

24 Kidron, Carol, 1999, "Amcha's Second Generation Holocaust Survivors: A Recursive Journey into the Past to Construct Wounded Carriers of Memory," Master's thesis, Hebrew University of Jerusalem.

25 Dershowitz, A., 1994, *The Abuse Excuse: And Other Cop-outs, Sob Stories, and Evasions of Responsibility*, Boston, MA: Little, Brown & Co., p. 5.

26 转引自 Moore, B., 1972, *Reflections on the Causes of Human Misery and Upon Certain Proposals to Eliminate Them*, Boston, MA: Beacon Press, p.17。

27 Žižek, Slavoj and Glyn Daly, 2004, *Conversations with Žižek*, Cambridge: Polity, p. 141.

28 Meyer, John W., 1986, "The Self and the Life Course: Institutionalization and Its Effects," in A. B. Sørensen, F. E. Weinert, and Lonnie R. Sherrod (eds.), *Human Development and the Life Course: Multidisciplinary Perspectives*, Hillsdale, NJ: LEA, p. 206.

29 DiMaggio, Paul, 1997, "Culture and Cognition," *Annual Review of Sociology* 23: 263—87.

30 Herman, Ellen, 1995, *The Romance of American Psychology: Political Culture in the Age of Experts*, Berkeley: University of California Press, p. 241; 这里，之所以如此关注心理健康，是因为一些政府机构如退伍军人管理局急于实施新的心理健康

计划。

[31] Meyer, John, 1997, "World Society and the Nation State," *American Journal of Sociology* 103 (1): 144—81.
[32] Miller, Alice, 1981, *The Drama of the Gifted Child*, New York: Basic Books.
[33] Miller, Alice, 1990, *Banished Knowledge: Facing Childhood Injuries*, New York: Anchor Books.
[34] Micale, Mark S. and Paul Lerner (eds.), 2001, *Traumatic Pasts: History, Psychiatry, and Trauma in the Modern Age, 1870—1930*, New York: Cambridge University Press, p. 2.
[35] 引用同上, 第261页。
[36] 引用同上, 第12页。
[37] Kutchins, Herb and Stuart A. Kirk, 1997, *Making Us Crazy: DSM: The Psychiatric Bible and the Creation of Mental Disorders*, New York: The Free Press, p. 17.
[38] *Diagnostic and Statistical Manual of Mental Disorders (DSM III)*, 1980, 3rd edn, Washington, DC: American Psychiatric Association, p. 63.
[39] 同上, 第313页。
[40] 同上, 第323页。
[41] Kutchins and Kirk, *Making Us Crazy*, p. 247. 大多数关于精神疾病诊断与统计的讨论都来自本书。有人甚至断言, 一些医药公司直接为精神疾病诊断与统计的发展作出了贡献。
[42] 同上, 第13页。
[43] 他们研究的一个案例是, 卫生学家支持帕斯特尔 (Pasteur) 关于微生物的一些理论, 因为, 这可以为他们反对不健康的住所提供正当理由。参见 Latour, Bruno, 1988, *The Pasteurization of France*, Cambridge, MA: Harvard University Press; Callon, Michel, 1986, "Some Elements of a Sociology of Translation," in John Law (ed.), *Power, Action and Belief*, London: Routledge & Kegan Paul, pp. 196—233。
[44] Foucault, Michel, 1990, *The History of Sexuality: An Introduction*, New York: Vintage, p. 71.
[45] 参见 p.488, Schweder, Richard A., 1988, "Suffering in Style," *Culture, Medicine and Psychiatry* 12 (4): 479—97。

46 Bourdieu, Pierre and Loïc Wacquant, 1992, *An Invitation to Reflexive Sociology*, Chicago: University of Chicago Press.

47 Bourdieu, Pierre, 1979, *La Distinction: Critique sociale du jugement*, Paris: Editions de Minuit.

48 参见 p. 243, Bourdieu, Pierre, 1986, "The Forms of Capital," in John G. Richardson (ed.), *Handbook of Theory and Research for the Sociology of Education*, New York: Greenwood Press, pp. 241—58。

49 Walsh, Bruce and Nancy Betz, 1985, *Tests and Assessments*, Englewood Cliffs, NJ: Prentice Hall, p. 110.

50 参见 p.433, Mayer, J.D. and P. Salovey, 1993, "The Intelligence of Emotional Intelligence," *Intelligence* 17: 433—42; 也可参见 Salovey, Peter and John D. Mayer, 1990, "Emotional Intelligence," *Imagination, Cognition, and Personality* 9: 185—211。

51 Fass, Paula S., 1980, "The IQ: A Cultural and Historical Framework," *American Journal of Education* 4: 431—58.

52 Cherniss, Cary, "The Business Case for Emotional Intelligence", http://www.eiconsortium.org/research/business_case_for_ei.htm.

53 http://www.managementconnection.com/resilience_ei_business_case.html.

54 然而，如果文化资本（至少在布尔迪厄的意义上来说）意味着可以获得一套被定义为"高雅文化"的既定的艺术创作宝库，那么情商并不符合也不隶属于文化资本的范畴。

55 Portes, Alejandro, 1998, "Social Capital: Its Origins and Applications in Modern Sociology," *Annual Review of Sociology* 24: 1—24.

56 Boltanski, Luc and Eve Chapiello, 1999, *Le Nouvel Esprit du Capitalisme*, Paris: Gallimard, p. 176.

57 Walzer, Michael, 1983, *Spheres of Justice: A Defense of Pluralism and Equality*, Oxford: Martin Robertson.

58 Sennett, Richard, 1998, *The Corrosion of Character: The Personal Consequences of Work in the New Capitalism*, New York and London: Norton, p. 117.

59 Freud, S., 1963, "Introductory Lectures on Psychoanalysis, Part III," in J. Strachey (ed.), *The Standard Edition of the Complete Psychological Works of Sigmund Freud*, London: Hogarth Press, pp. 352—3.

60 Beck, Ulrich, 1995, *The Normal Chaos of Love*, Cambridge: Polity.

第三章　浪漫之网

1 参见 p.187 in Merkle, Erich R. and Rhonda A. Richardson, 2000, "Digital Dating and Virtual Relating: Conceptualizing Computer Mediated Romantic Relationships," *Family Relations* 49: 187—92。

2 参见 p.100 in Lupton, Deborah, 1995, "The Embodied Computer/User," in Mike Featherstone and Roger Burrows (eds.), *Cyberspace, Cyberbodies, Cyberpunk: Cultures of Technological Embodiment*, London: Sage, pp. 97—112。

3 Stoughton, Stephanie, 2001, "Log on, Find Love," *The Boston Globe*, February 11.

4 如今,"百合姻缘网"在其网站上声称,有 89000 人通过他们的网站找到了一生的挚爱。此外,该网站还宣称,他们拥有超过 1200 万正式注册的用户,他们来自 246 个国家,使用多达 18 种不同的语言。其商业竞争对手"匹配相亲网"(matchnet.com)则声称,他们拥有 950 万活跃的用户。

5 Brooks, David, 2003, "Love, Internet Style," *New York Times*, November 8; Wexler, Kathryn, 2004, "Dating Websites Get More Personal," *The Miami Herald*, January 20.

6 Saillart, Catherine, 2004, "Internet Dating Goes Gray," *LA Times*, May 19.

7 Davies, Jennifer, 2002, "Cupid's Clicks," *San Diego Union Tribune*, February 10.

8 为了取得这项研究的预期目标,我采访了大约 15 名以色列人和 10 名美国人。尽管这两个样本之间存在明显的文化差异,但让我感到震惊的一点是,两个样本的受访者都使用了互联网约会相亲网站,这具有重要的意义。

9 Silverstein, Judith and Michael Lasky, 2004, *Online Dating for Dummies*, New York: Wiley, p. 109.

10 Ben-Zeev, Aharon, 2004, *Love Online: Emotions on the Internet*, Cambridge: Cambridge University Press.

11 转引自 Shusterman, Richard, 2000, *Performing Live: Aesthetic Alternatives for the Ends*

of Art, Ithaca, NY: Cornell University Press, p. 154。

12 Katz, Evan Marc, 2003, *I Can't Believe I'm Buying This Book: A Commonsense Guide to Successful Internet Dating*, Berkeley, CA: Ten Speed Press, p. 96.

13 Lukács, György, 1971, *History and Class Consciousness: Studies in Marxist Dialectics*, Cambridge, MA: MIT Press, p. 83.

14 Katz, *I Can't Believe I'm Buying This Book*, p. 108.

15 Agger, Ben, 2004, *Speeding up Fast Capitalism: Cultures, Jobs, Families, Schools, Bodies*, Boulder, CO: Paradigm, pp. 1—5.

16 Katz, *I Can't Believe I'm Buying This Book*, p. 103.

17 Žižek, Slavoj, 1989, *The Sublime Object of Ideology*, Verso: London, p. 32.

18 Schurmans, Marie-Noëlle and Loraine Dominicé, 1997, *Le Coup de Foudre Amoureux: essai de sociologie compréhensive*, Paris: Presses Universitaires de France.

19 以下关于批判的几页来源于或直接引用于我已出版的下列书中的第八章：*Oprah Winfrey and the Glamour of Misery*, 2003, New York: Columbia University Press。

20 Salusinszky, I. and J. Derrida, 1987, *Criticism in Society: Interviews with Jacques Derrida, Northrop Frye, Harold Bloom, Geoffrey Hartman, Frank Kermode, Edward Said, Barbara Johnson, Frank Lentricchia, and Hillis Miller*, New York: Methuen, p. 159.

21 这样的例子还有很多，在此仅举一例：在19世纪与20世纪之交，资本家担心满足不了日益增长的消费者需求，于是，他们雇佣了大量的女性工人，而女性的工资却远低于资本家所雇佣的男性的基本工资。这种赤裸裸的经济不平等，也成为了女权主义运动的巨大推动力。参见 Hobsbawm, Eric J., 1987, *The Age of the Empire, 1875—1914*, New York: Pantheon Books。

22 这是纳斯鲍姆（Nussbaum）在与杜沃金（Dworkin）及迈金隆（McKinnon）讨论时提出的观点。参见 "Objectification," in Nussbaum, Martha C., 1999, *Sex and Social Justice*, New York: Oxford University Press。本书收录的这篇论文最早是在下列期刊上发表的题为"客体化"的文章，参见 Martha C. Nussbaum, 1995, "Objectification," *Philosophy and Public Affairs* 24 (4): 249—91。

23 Held, D., 1980, *Introduction to Critical Theory: Horkheimer to Habermas*, Berkeley:

University of California Press, pp. 183—4.
24 Walzer, M., 1983, *Spheres of Justice*, New York: Basic Books.
25 Walzer, M., 1988, *The Company of Critics: Social Criticism in the Twentieth Century*, London: Peter Halban.
26 Walzer, M., 1987, *Interpretation and Social Criticism*, Cambridge, MA: Harvard University Press.
27 Latour, Bruno, 1988, *The Pasteurization of France*, Cambridge, MA: Harvard University Press; Callon, Michel, 1986, "Some Elements of a Sociology of Education," in John Law (ed.), *Power, Action and Belief*, London: Routledge & Kegan Paul, pp.196—233.
28 Silverstein and Lasky, *Online Dating for Dummies*, p. 227.
29 同上。
30 Habermas, Jürgen, 1990, *Moral Consciousness and Communicative Action*, Cambridge: Polity.
31 正如科泽勒克所言:"我的论点是,在现代,经验和期望之间的差异正变得越来越大;更准确地来讲,现代性标志着一个新时代的开始,现代性首先可以被理解为其期待正前所未有地、更加远离之前的所有经验。"(参见 Habermas, *Moral Consciousness*, p.12)。
32 Wilson, Timothy D., 2002, *Strangers to Ourselves: Discovering the Adaptive Unconscious*, Cambridge, MA: Belknap Press, p. 73.
33 Goffman, Erving, 1963, *Behavior in Public Places: Notes on the Social Organization of Gatherings*, New York: The Free Press, p. 17.
34 Katz, *I Can't Believe I'm Buying This Book*, p. 105.
35 Hatfield, Elaine and Susan Sprecher, 1986, *Mirror, Mirror: The Importance of Looks in Everyday Life*, Albany: State University of New York Press, p. 118.
36 同上,第119页。
37 Bourdieu, Pierre and Loïc Wacquant, 1992, *An Invitation to Reflexive Sociology*, Chicago: University of Chicago Press, p.172.

38 Person, Ethel Spector, 1988, *Dreams of Love and Fateful Encounters: the Power of Romantic Passion*, New York: Norton, p. 43.

39 同上，第 114 页。

40 Mitchell, Stephen A., 2003, *Can Love Last? The Fate of Romance Over Time*, New York: Norton, pp. 95, 104.

41 Edgar, Howard Brian and Howard Martin Edgar, 2003, *The Ultimate Man's Guide to Internet Dating: the Premier Men's Resource for Finding, Attracting, Meeting, and Dating Women Online*, Aliso Viejo, CA: Purple Bus, p. 12.

42 Welton, Donn, 1999, "Soft, Smooth Hands: Husserl's Phenomenology of the Lived Body," in Donn Welton (ed.), *The Body: Classic and Contemporary Readings*, Malden, MA: Blackwell, pp. 38—56.

43 同上，第 45 页。

44 Schooler, Jonathan W., Stella Ohlsson, and Kevin Brooks, 1993, "Thoughts Beyond Words: When Language Overshadows Insight," *Journal of Experimental Psychology* 122 (2): 166—83.

45 参见 Iyengar, Sheena and Mark R. Lepper, 2000, "When Choice is Demotivating: Can One Desire Too Much of a Good Thing?", *Journal of Personality and Social Psychology* 79 (6): 995—1006; Klein, G., 1998, *Sources of Power: How People Make Decisions*, Cambridge, MA: MIT Press; Wilson, Timothy D. and Jonathan W. Schooler, 1991, "Thinking Too Much: Introspection can Reduce the Quality of Preferences and Decisions," *Journal of Personality and Social Psychology* 60 (2): 181—92; Schooler et al., "Thoughts Beyond Words"; Schwartz, Barry, 2000, "Self-Determination: The Tyranny of Freedom," *American Psychologist* 55 (1): 79—88; Schwartz, Barry, Andrew Ward, John Monterosso, Sonja Lyubomirsky, Katherine White and Darrin R. Lehman, 2002, "Maximising Versus Satisfying: Happiness is a Matter of Choice," *Journal of Personality and Social Psychology* 83 (5): 1178—97.

46 Wilson and Schooler, "Thinking Too Much."

47 当约翰·厄普代克（John Updike）说"与实际的亲吻相比，想象之吻更容易被人们控制、更彻底地被人享受，也更少会杂乱不堪"时，他指的是一种根植于经验之中的想象行为，也就是说，这是与某个已经在实际生活中见过面的人发生的想象之吻。(转引自 p. 31 in John Updike, 2004, "Libido Lite," in *The New York Review of Books*, November 18, pp. 30—1)。

48 参见 Phillips, James and James Morley (eds.), 2003, *Imagination and Its Pathologies*, Cambridge, MA: MIT Press, pp. 191, 10。

49 McKenna, Katelyn Y. A., Arnies Green, and Marci Gleason, 2002, "Relationship Formation on the Internet: What's the Big Attraction?" *Journal of Social Issues* 58 (1): 9—31.

50 有关金钱和情感相互交织的方面，最好的研究著作请参见：Viviana Zelizer, 2005, *The Purchase of Intimacy*, Princeton, NJ: Princeton University Press。

51 参见 p.128 in Eva Illouz, 1999, "That Shadowy Realm of Interior: Oprah Winfrey and Hamlet's Glass," *International Journal of Cultural Studies* 2 (1): 109—31。

52 Arditi, Jorge, 1996, "Simmel's Theory of Alienation and the Decline of the Nonrational," *Social Theory* 14 (2): 93—108.

53 Damasio, Antonio R., 1994, *Descartes' Error: Emotion, Reason, and the Human Brain*, New York: Putnam Publishing Group, pp. 193—4.

54 Žižek, Slavoj and Glyn Daly, 2004, *Conversations with Žižek*, Cambridge: Polity, p. 111.

图书在版编目（CIP）数据

冷亲密 /（法）伊娃·易洛思著；汪丽译. — 长沙：
湖南人民出版社，2023.4
　　ISBN 978-7-5561-3155-6

Ⅰ.①冷…　Ⅱ.①伊…②汪…　Ⅲ.①情感–研究
Ⅳ.①B842.6

中国国家版本馆CIP数据核字（2023）第019854号

Cold Intimacies：The Making of Emotional Capitalism by Eva Illouz
© Suhrkamp Verlag Frankfurt am Main 2006.
All rights reserved by and controlled through Suhrkamp Verlag Berlin.
Simplified Chinese Edition © 2023 Shanghai Insight Media Co.

著作权合同登记号：18-2021-293

冷亲密
LENG QINMI

[法] 伊娃·易洛思 著　汪丽 译

出 品 人	陈　垦
出 品 方	中南出版传媒集团股份有限公司
	上海浦睿文化传播有限公司
	上海市巨鹿路417号705室（200020）
责任编辑	谭　乐
装帧设计	M○○○ Design
责任印制	王　磊
出版发行	湖南人民出版社
	长沙市营盘东路3号（410005）
网　　址	www.hnppp.com
经　　销	湖南省新华书店
印　　刷	河北鹏润印刷有限公司

开本：880mm×1230mm　1/32　　印张：6.5　　字数：134千字
版次：2023年4月第1版　　　　　　印次：2024年4月第3次印刷
书号：ISBN 978-7-5561-3155-6　　 定价：49.00元

版权专有，未经本社许可，不得翻印。
如有印装质量问题，请联系：021-60455819

浦睿文化
INSIGHT MEDIA

出　品　人：陈　垦
出版统筹：胡　萍
监　　制：余　西
策划编辑：廖玉笛
装帧设计：M^{ooo} Design

欢迎出版合作，请邮件联系:insight@prshanghai.com
新浪微博@浦睿文化